高产抗倒伏小麦品种选育及评价方法

茹振钢　牛立元 等　著

科学出版社
北　京

内 容 简 介

本书围绕引发小麦倒伏的外部气象因素、植物内部自身因素、高产抗倒伏小麦品种选育方法及小麦抗倒伏性评价理论和方法四个方面，在介绍小麦倒伏与刮风、降雨外部气象因素，以及与茎秆形态、结构及化学成分等植物自身内部因素关系的基础上，系统阐述了抗倒伏小麦品种的选育理论、方法，以及基于田间自然生长小麦群体的小麦抗倒伏性测定装置的设计及其使用方法和小麦群体抗倒伏临界风速计算方法。

本书可供农作物品种选育相关专业的大专院校师生、科研院所科研人员，以及农业推广、企业研发、大田生产等从业人员阅读和参考。

图书在版编目（CIP）数据

高产抗倒伏小麦品种选育及评价方法 / 茹振钢等著. —北京：科学出版社，2020.6

ISBN 978-7-03-064044-4

Ⅰ. ①高… Ⅱ. ①茹… Ⅲ. ①小麦－作物育种－抗倒伏性－抗性育种－研究 Ⅳ. ① S512.103.4

中国版本图书馆CIP数据核字（2020）第009199号

责任编辑：王 静 陈 新 闫小敏 / 责任校对：严 娜

责任印制：肖 兴 / 封面设计：金舵手世纪

科学出版社 出版

北京东黄城根北街16号

邮政编码：100717

http://www.sciencep.com

北京九天鸿程印刷有限责任公司 印刷

科学出版社发行 各地新华书店经销

*

2020年6月第 一 版 开本：720×1000 1/16

2020年6月第一次印刷 印张：10 1/4

字数：206 000

定价：128.00 元

（如有印装质量问题，我社负责调换）

《高产抗倒伏小麦品种选育及评价方法》
著者名单

主要著者

茹振钢　牛立元

其他著者

范文秀　冯素伟　孔德川　丁位华

前　言

迄今为止，倒伏仍是禾谷类作物高产、稳产和超高产的主要限制因素之一，倒伏风险多随小麦群体（产量）水平的增加而增大。小麦是世界第一大口粮作物，是人类的重要食物来源，全球有35%～40%的人口以小麦为主要粮食。中国是世界上最大的小麦生产国，据国家统计局统计，2016年中国小麦播种面积为2418.7万hm^2，占世界小麦播种总面积的10.1%，居世界第一；小麦产量为13 327.1万t，占世界小麦总产量的17.6%，也居世界第一。小麦从扬花至成熟各个生育时期均可能发生倒伏，会导致粮食产量大幅度降低，一般可达10%～30%，严重时可达50%～80%，我国每年因倒伏造成的粮食损失高达20×10^8kg以上。黄淮平原是我国最主要的小麦产区，小麦的播种面积、产量分别占全国的45%、51%，同时也是小麦大面积严重倒伏的高发地区，几乎每年都有不同程度的倒伏发生。因此，进行小麦抗倒伏品种选育及评价对于保障国家粮食安全具有极为重要的学术、经济和社会意义。

小麦抗倒伏能力作为一种综合指标，它与单位面积穗数、株高、重心高度、茎秆强度、单茎抗倒伏强度及生长发育时期等多种因素均有密切的联系。近些年，在国家科技支撑计划项目（2011BAD07B02）、国家重点基础研究发展计划项目（2012CB114300）、国家自然科学基金项目（31371525）及河南省重点科技攻关项目（102102110032）等的资助下，我们育成了以‘百农矮抗58’为代表的一系列小麦新品种，并对抗倒伏新品种选育理论及评价方法进行了长期的研究，开发了基于小麦倒伏临界推力测定的小麦抗倒伏性测定装置，摸清了影响小麦倒伏的内外因素及作用方式，建立了基于小麦群体茎秆临界倒伏推力及田间近地面层风场特性的小麦群体倒伏临界风速计算模型，而且该模型通过了风洞和田间试验验证。在国内，这是首次将作物抗倒伏能力评价与引发倒伏的自然因素——风速联系了起来。该方法可以有效消除仅用某一个或几个指标评价小麦抗倒伏性所产生的偏差，并且方法简便、可靠，可用于小麦品种的抗倒伏性评价、品种引种区域选择或田间倒伏因子评价。为促进国内小麦抗倒伏品种选育及相关研究，在国家自然科学基金项目（31371525）的资助下，按照研究进程及倒伏关联因素，我们对多年来小麦倒伏研究的成果进行了系统梳理并撰写成书，以期系统阐述目前国内外小麦抗倒伏研究现状、问题及解决方案。

小麦倒伏是由刮风、降雨等外部气象因素与小麦茎秆、根系特征等自身内部因素相互作用所引起的使茎秆从自然直立状态到永久错位的现象。根据植株偏离直立位置的角度，可将倒伏分为倾、倒、伏三个级别；而根据倒伏部位及原因，可将倒伏分为茎倒伏（简称“茎倒”）和根倒伏（简称“根倒”）。本书围绕引发小麦倒伏的外部气象因素和植物内部自身因素、抗倒伏小麦品种选育方法、小麦抗倒伏性评价理论和方法，分四篇11章。第一篇：外部气象因素与小麦倒伏的关系，包括小麦倒伏的主要类型、气象因素及地理分布，以及大面积小麦倒伏与气象因素关系实例研究（牛立元、孔德川）。第二篇：植物内部自身因素与小麦抗倒伏性的关系，包括小麦茎秆形态特征与抗倒伏性的关系、小麦茎秆显微结构与抗倒伏性的关系（冯素伟），茎秆化学成分与小麦抗倒伏性的关系（丁位华），小麦茎秆纤维素的光谱学研究（范文秀），以及不同小麦品种抽穗后植株抗倒伏性的变化规律（冯素伟）。第三篇：高产抗倒伏小麦品种的选育（茹振钢）。第四篇：小麦抗倒伏性评价的理论与方法，包括小麦抗倒伏性测定装置的设计及其应用（牛立元、孔德川），小麦单茎、群体抗倒伏强度的快速准确测定方法（牛立元），以及小麦田间近地面层风速特性与群体倒伏临界风速模型（牛立元、孔德川）。本书撰写计划的拟定、统稿主要由牛立元完成。

小麦高产抗倒伏品种选育、倒伏机制及理论评价涉及农学、植物学、气象学、机械力学及测量学等多个学科和专业，现在还有很多问题没有研究清楚，倒伏风速计算模型需要接受更多的实践检验，对小麦生产影响最大的根倒伏的研究还很少。我们的工作只是小麦抗倒伏研究和实践中一个小的方面，受团队专业水平、研究条件及时间限制，还存在不少问题，望国内外同行批评指正，希望更多的同行重视并加入作物抗倒伏的研究队伍，共同推动我国作物抗倒伏研究和应用快速发展。

著　者

2019年4月8日

目　　录

第一篇　外部气象因素与小麦倒伏的关系

第一篇

外部气象因素与小麦倒伏的关系

第 1 章　小麦倒伏的主要类型、气象因素及地理分布

倒伏是由风、雨等自然因素与作物茎秆、根系特性等自身因素相互作用所引发的使植株茎秆从自然直立状态到永久错位的现象，是目前禾谷类作物高产、稳产和超高产的主要限制因素之一。中国是世界上最大的小麦生产国，据统计，2014 年中国小麦播种面积为 2406.9 万 hm^2，占世界小麦播种总面积的 10.8%，居世界第二；小麦产量为 12 620.8 万 t，占世界小麦总产量的 17.5%，居世界第一（李海英和刘定富，2015；中国国家统计局，2017）。小麦从扬花至成熟各个生育时期均可以发生倒伏，可导致粮食产量大幅度降低（一般可达 10%～30%，严重时可达 50%～80%）（Baker et al.，1998；Berry et al.，2003a；Foulkes et al.，2011；刘和平等，2012）。田间试验结果表明，发生同等程度倒伏导致产量下降的水平与发生时期密切相关，抽穗期倒伏减产 65.6%，开花期倒伏减产 50.4%，灌浆前期倒伏减产 40.7%，灌浆中期以后倒伏减产率降低为 16.3%～29.5%（房稳静等，2013）。倒伏后还可因病菌产生毒素导致粮食品质下降（Baker et al.，1998；Berry et al.，2003a；Foulkes et al.，2011；刘和平等，2012），同时给机械化收割带来困难（Foulkes et al.，2011；刘和平等，2012）。中国每年因倒伏造成的粮食产量损失高达 20×10^8kg 以上（刘和平等，2012）。因此，深入研究小麦植物内外因素对倒伏的影响及作用机制，对于防止或减少小麦严重倒伏的发生，保证中国小麦持续高产、稳产和国家粮食安全具有极其重要的理论和应用研究价值。

由于倒伏的发生与风速、降雨等气象条件，小麦品种特性及生长发育时期等诸多因素有关（Easson et al.，1993；Crook and Ennos，1994；Baker et al.，1998；Berry et al.，2003a，2003b；朱新开等，2006；Foulkes et al.，2011；刘和平等，2012；Niu et al.，2012），因此大面积严重倒伏的发生具有很大的随机性和不可模拟性，难以进行系统观察和比较，但近些年来越来越多的互联网文字、图片及视频报道信息为小麦倒伏研究提供了一种途径。本书主要依据互联网报道及在线历史气象资料，对 2007～2014 年中国小麦大面积倒伏发生的地区、时间、生育时期、气象因素、倒伏类型、倒伏程度等基础性信息进行调查、分析，旨在为小麦倒伏研究、高产抗倒伏小麦品种培育和生产推广提供理论指导。

1.1 研究方法

1.1.1 小麦倒伏及历史气象资料的获取方法

2007～2014年小麦大面积倒伏的文字、图片及视频报道资料直接从互联网上获取，并借助相关报道及电子地图资料对相关倒伏发生的地点、时间进行核对，确保信息的准确性。在获取的大量文献报道中，选择52个倒伏面积较大，倒伏地点、时间、气象因素和倒伏严重程度记载较为详细、图片也较多的案例作为本书研究的对象。

小麦倒伏相关历史风速、降雨等气象信息通过在国家气象科学数据中心（https://data.cma.cn/）注册，下载"中国地面气候资料日值数据集"（邹凤玲和朱燕君，2013）、"中国逐日网格降水量实时分析系统（1.0版）数据集"（沈艳和冯明农，2008）获得。本书中所有降雨、风速数据均经文献报道数据、"中国地面气候资料日值数据集"、"中国逐日网格降水量实时分析系统（1.0版）数据集"等多重检验、核实。

倒伏风速、降雨数据主要采用文献中报道的数据或距离倒伏地点最近的国家基准气象观察站记载的数据；对于部分气象数据记载不清、倒伏地点距离国家基准气象观察站较远的倒伏案例，其风速和降雨量根据周边国家基准气象观察站的风速、降雨数据利用直线插值的方法获取。

为方便比较，本书中风速均采用倒伏当天（20:00至翌日20:00）（24h制）离地面10m高处3s平均最大风速，即极大风速；文献报道中的风速或气象预报中的风速等级统一转换为极大风速。文献报道中的蒲福风力等级（Beaufort wind scale）（中国国家气象局，2014）取其对应风速数值范围（m/s）的中值作为平均最大风速，再乘以1.59转换成极大风速；降雨量采用20:00至翌日20:00（24h制）的日降雨量。

1.1.2 小麦生育时期分类标准

小麦生育时期根据Zadoks等（1974）的禾本科作物生育时期分类方法进行划分，共分为十一级。由于倒伏主要发生在开花期至成熟期，因此本书研究仅涉及开花期、灌浆期和成熟期。其中，开花期是指小麦开始开花至完全开花；灌浆期是指籽粒开始沉积淀粉、胚乳呈炼乳状的时期；成熟期是指大多数麦穗的籽粒变硬、用指甲不易划破的时期。

1.1.3 小麦倒伏等级分类标准

为便于计算机分析统计，小麦倒伏等级评价采用5级制（1级、2级、3级、4级、5级）。倒伏等级分类标准参照农业行业标准NY/T 1301—2007《农作物品种区域试

验技术规程　小麦》，但为区分大田倒伏的严重程度增加了小麦倒伏面积指标。

1级：未发生倒伏。

2级：轻微倒伏，小麦仅发生小面积倒伏，倒伏面积占麦田总面积20%以下，或发生大面积倾斜，茎秆倾斜角度小于30°。

3级：中度倒伏，小麦发生点状、片状倒伏，倒伏面积占麦田总面积的20%～40%，或发生大面积倾斜，植株倾斜角度达到30°～45°。

4级：较重倒伏，小麦发生较大面积连片倒伏，倒伏面积占麦田总面积的40%～80%，植株倾斜角度达到45°～60°。

5级：严重倒伏，小麦发生大面积整体倒伏，倒伏面积占麦田总面积的80%以上，植株倾斜角度达60°以上。

1.1.4　数据统计

本书数据分析包括均值统计、试验数据间的相关分析、均值显著性分析及线性回归分析等，均使用SPSS 13.0（statistical product and service solutions，Chicago，USA）统计软件包进行统计、分析。

1.2　结果与分析

本次研究从互联网上共收集到52个具有代表性的倒伏案例，这些倒伏案例发生的日期、地点、气象因素、等级及面积等情况见表1-1。

从表1-1所列数据可以看出，在收集的52个小麦倒伏案例中，2007年2个，2008年2个，2009年3个，2010年4个，2011年3个，2012年9个，2013年29个，涉及河南、河北、山东、山西、安徽、江苏、湖北、黑龙江、新疆和内蒙古10个省（自治区）。

小麦倒伏发生的时期主要是从开花期至完全成熟期，在52个小麦倒伏案例中发生在开花期的有3个，而在灌浆期和成熟期发生倒伏的案例则分别为34个和15个，由此可以发现小麦灌浆至成熟期是小麦倒伏的高发期。

1.2.1　小麦倒伏的主要类型

对收集的52个倒伏案例进行分析发现，小麦倒伏与气象条件密切相关，依据引起小麦倒伏的主要气象因素的不同，倒伏可以分为单纯大风型倒伏（以下简称大风型倒伏）、持续降雨型倒伏和大风大雨型倒伏3种类型。

1.2.1.1　大风型倒伏

大风型倒伏是指在没有降雨或降雨量很小（降雨量＜10mm）的情况下，主要由大风所引起的倒伏。

表 1-1　小麦倒伏发生的日期、地点、气象因素及生育时期

编号	日期	地点	气象因素	生育时期	倒伏等级、面积及来源
1	2007.05.22	山东省济宁市兖州区、嘉祥县、任城区、曲阜市、微山县、梁山县	20～21 日济宁全市出现持续性降雨，平均降雨量为 66.4mm，极大风速为 10.8～13.3m/s（曲阜站）	灌浆期	4 级：较重倒伏；绝大多数小麦沿风向倒伏，倒伏面积 80 667hm^2（张宏磊等，2007）
2	2007.05.28	山东省临沂市郯城县	28 日 18:00，无明显降雨，极大风速为 24.4m/s（郯城站）	灌浆期	5 级：严重倒伏；小麦向同一个方向倒伏，倒伏面积为 667hm^2（新华社，2007；杜明函和房德华，2007）
3	2008.05.17	河南省开封市尉氏县	17 日晚降雨，持续 30min，降雨量为 52.4mm，并伴有 9～10 级大风，极大风速达 26.5m/s，持续 10min	灌浆期	5 级：严重倒伏；小麦大面积向一个方向完全倒伏，倒伏面积为 13 333hm^2（贺巍和杨红勇，2008）
4	2008.06.04	山东省临沂市沂南县	3～4 日连降大雨，降雨量为 58.5mm（沂南站），极大风速为 17.2m/s	成熟期	4 级：较重倒伏；小麦大面积不规则片状倒伏（杜昱葆，2008）
5	2009.06.03	河南省商丘市夏邑县、永城市、梁园区、睢阳区、柘城县、宁陵县	3 日，降雨量为 23.2mm，极大风速为 29.1m/s（永城站）；遭受特大狂风、暴雨和冰雹，风力达 8～9 级，局部达 11 级，持续约 90min（报道）	成熟期	5 级：严重倒伏；向大致相同的方向完全倒伏，倒伏面积为 200 000hm^2，其中 4 000hm^2 较重倒伏（贺婷，2009）
6	2009.06.06	河南省周口市鹿邑县	6 日 15:20，降雨量为 50mm，极大风速为 16.2m/s（亳州站）；遭受狂风（26.5m/s）、暴雨和冰雹，冰雹持续近 10min（报道）	成熟期	5 级：严重倒伏；小麦向同一个方向完全倒伏，倒伏面积为 1 337hm^2（刘洪彬，2009）
7	2009.06.12	新疆维吾尔自治区伊犁哈萨克自治州霍城县	6 月 12 日，降雨量为 21.3mm，极大风速为 17.2m/s（伊宁站）	灌浆期	4 级：较重倒伏；浪涌样向相同方向倒伏，倒伏面积为 1 337hm^2（陈玉东等，2009）
8	2010.06.08	安徽省宿州市埇桥区	8 日 17:00 至 10 日 10:00，降雨量为 72.5mm，极大风速为 16.2m/s（宿州站）	成熟期	4 级：较重倒伏；小麦向同一个方向完全倒伏，宿州市小麦倒伏 32.9%（戚尚恩，2010）
9	2010.05.30	安徽省宿州市埇桥区、灵璧县、泗县	30 日晚突降暴雨，最大风力 8 级，阵风达 10 级左右（26.5m/s），近 1h 最大降雨量达到 34.4mm	成熟期	5 级：严重倒伏；大面积向一个方向完全倒伏，40 000hm^2 小麦较重倒伏（何雪峰，2011；宿州市气象局，2012）

续表

编号	日期	地点	气象因素	生育时期	倒伏等级、面积及来源
10	2010.06.18	山东省菏泽市	17 日晚出现雷雨、大风冰雹强对流天气，降雨量为 20.0mm，极大风速为 17.7m/s（定陶站）	成熟期	5 级：严重倒伏；小麦大面积向同一个方向倒伏（新华社，2010）
11	2010.06.22	新疆维吾尔自治区伊犁哈萨克自治州奎屯市	6 月 22 日 16:25 至 18:32，遭受暴雨、冰雹，冰雹持续时间达 15min，降雨量为 30.0mm（伊犁站），风力达 7～8 级，极大风速为 30.1m/s	灌浆期	5 级：严重倒伏；小麦向同一个方向完全倒伏，倒伏面积为 1 000hm^2（刘英，2010）
12	2011.06.06	河北省邯郸市鸡泽县	6 日 15:00 左右，降雨量为 23.9mm，极大风速为 19.9m/s（鸡泽站）	成熟期	4 级：较重倒伏；小麦基本沿相同方向大面积不完全倒伏（赵辉，2011）
13	2011.06.07	河北省邢台市内丘县、石家庄市鹿泉市（现鹿泉区）	6 日 18:00，降雨量为 23.2mm，其间伴随 7～8 级大风，瞬时风力达 11 级，极大风速为 30.6m/s	成熟期	5 级：严重倒伏；大致向一个方向大面积不完全倒伏，倒伏面积为 2 200hm^2（白红彬，2011）
14	2011.07.02	新疆维吾尔自治区伊利哈萨克自治州阿勒泰市	2 日 18:00～18:30，暴雨，降雨量为 28.1mm，极大风速为 14.9m/s（阿勒泰站）	灌浆期	4 级：较重倒伏；小麦大面积向一个方向涌浪样倒伏，倒伏面积为 50hm^2（光静静，2012）
15	2012.04.12	湖北省荆州市荆州区、沙市区、江陵县、公安县	12 日 12:00～16:00，降雨量为 22.0～46.0mm，极大风速为 15.4m/s（荆州站）	开花期	3 级：中度倒伏；14 000hm^2 小麦成片朝一个方向发生歪斜，甚至倒伏（荆州区农业局，2012）
16	2012.05.08	安徽省宣城市郎溪县	7 日，降雨量为 80.0mm（郎溪站），极大风速为 9.1m/s	灌浆期	2 级：轻微倒伏；小麦呈条状或不规则向同一方向倒伏（郎溪论坛，2012）
17	2012.05.16	安徽省宿州市灵璧县	16 日下午，降雨量为 0.9mm，风力 8 级，瞬间风力 10 级以上（极大风速为 26.5m/s），持续约 10min	灌浆期	5 级：严重倒伏；小麦大面积向一个方向倒伏或不规则倒伏（灵璧县气象局，2012）
18	2012.05.25	山东省东营市利津县	25 日晚，降雨量为 4.3mm，极大风速为 14.1m/s（利津站）	灌浆期	2 级：轻微倒伏；较大面积向一个方向倾斜，角度小于 30°（爱东，2012）

续表

编号	日期	地点	气象因素	生育时期	倒伏等级、面积及来源
19	2012.06.02	山东省潍坊市寿光市	2 日 17:30，降雨量为 30.0mm（潍坊站），极大风速为 17.2m/s	成熟期	5 级：严重倒伏；全部向同一方向倒伏（刘雯，2012；优酷，2012）
20	2012.06.08	山东省德州市临邑县	7 日 23:00 至 8 日 8:00，冰雹持续 10min，降雨持续 30min，降雨量为 34.4mm，极大风速为 19.0m/s	成熟期	5 级：严重倒伏；小麦向同一个方向完全倒伏，倒伏面积为 2 000hm^2（胡兵，2012）
21	2012.06.08	河北省唐山市玉田县	8 日晚至 9 日连续降雨，降雨量为 15.3mm，极大风速为 14.4m/s（唐山站）	灌浆期	2 级：轻微倒伏；小面积无规则片状倒伏，倒伏面积超过 2 000hm^2（河北省玉田县农牧局，2012）
22	2012.06.10	山东省济南市济阳县（现济阳区）	降雨量为 54mm，极大风速为 22.6m/s	成熟期	5 级：严重倒伏；暴风雨共造成济阳县 16 200hm^2 小麦倒伏（李栋印，2012）
23	2012.06.28	内蒙古自治区巴彦淖尔市乌拉特中旗、临河区、杭锦后旗等	26 日 22:00 至 27 日 2:00，降雨量达 80.2～171.0mm，极大风速为 11.9～17.2m/s	灌浆期	5 级：严重倒伏；小麦呈片状大面积倒伏，杭锦后旗 8 533hm^2 小麦严重倒伏（韩继旺，2012）
24	2013.05.26	山东省滨州市博兴县	24 日晚，降雨量为 25～50mm，极大风速为 10.6m/s	灌浆期	2 级：轻微倒伏；许多的片状倒伏，每个片状倒伏中茎秆向四周辐射倒伏（吕廷川，2013；王君彩等，2013）
25	2013.05.26	山东省德州市德城区、宁津县	26 日晚，降雨量为 25.2～62.9mm，极大风速为 25.2m/s	灌浆期	4 级：较重倒伏；小麦发生大面积倒伏（华夏，2013；铁军，2013）
26	2013.05.26	山东省济宁市曲阜市	24 日晚至 25 日，降雨量为 109.0mm（曲阜站），极大风速为 10.9m/s	灌浆期	5 级：严重倒伏；小麦呈浪涌样相同方向倒伏（侯颜霞，2013；李化成，2013）
27	2013.05.26	山东省潍坊市	降雨量为 11.7mm，极大风速为 15.3m/s（潍坊站）	灌浆期	3 级：中度倒伏；小麦大面积向同一方向发生倾斜（Pang，2013）
28	2013.05.26	山东省菏泽市	降雨量为 86.4mm，极大风速为 16.4m/s（定陶站）	灌浆期	4 级：较重倒伏；向同一方向大面积倒伏，倒伏面积为 6 700hm^2（晋伟雄，2013）

续表

编号	日期	地点	气象因素	生育时期	倒伏等级、面积及来源
29	2013.05.27	山东省淄博市桓台县	26日晚18:00～19:00，雷雨、大风，降雨量为30.0mm，极大风速为11.1m/s（桓台站）	灌浆期	3级：中度倒伏；灌浆中后期，沿播种方向部分倒伏）（韩凯，2013）
30	2013.05.27	山东省聊城市东阿县	24日18:40，降雨量为20.0mm，伴有大风和冰雹天气，极大风速为26.5m/s	灌浆期	5级：严重倒伏；大面积向一个方向倒伏，大面积受灾（张海龙，2013）
31	2013.05.27	山东省聊城市经济技术开发区	25日白天中雨、晚上大雨，降雨量为114.3mm，极大风速为8.9～11.8m/s（莘县站）	灌浆期	4级：较重倒伏；大面积向一个方向倒伏（与播种方向垂直），倒伏面积为22 533hm²（冯文雅，2013；王亚男，2013）
32	2013.05.27	山东省聊城市茌平县	25日晚至26日，大雨，降雨量为46.7mm（茌平站），极大风速为19.0m/s	灌浆期	4级：较重倒伏；较大面积向一个方向倒伏（中国气象视频网，2013）
33	2013.05.27	山东省威海市临港经济技术开发区	25日晚至26日，降雨量为48.7mm，极大风速为16.3m/s（威海站）	灌浆期	3级：中度倒伏；小面积片状向一个方向倒伏，倒伏面积为6 667hm²（赵平平和于启波，2013）
34	2013.05.27	山东省济南市商河县	25日晚至26日，降雨量为44.2mm（商河站），极大风速为14.9m/s	灌浆期	3级：中度倒伏；小麦呈点状、片状部分倒伏（齐鲁，2013）
35	2013.05.27	山东省临沂市沂南县	25～26日持续降雨，降雨量为101.3mm，极大风速为14.4～15.3m/s	灌浆期	4级：较重倒伏；小麦大面积向一个方向倒伏（与播种方向垂直）（刘遥，2013）
36	2013.05.27	山东省枣庄市山亭区	25日20:00至27日20:00，降雨量为109.4mm（枣庄站），极大风速为12.3m/s	灌浆期	5级：严重倒伏；大面积向同一方向连片倒伏（胡兵，2013；梅艳，2013）
37	2013.05.27	山东省泰安市宁阳县	25～26日连续降雨，降雨量为104.0mm（宁阳站），极大风速为14.9m/s	灌浆期	5级：严重倒伏；大面积向一个方向倒伏（王倩，2013）
38	2013.05.26	江苏省盐城市大丰市（现大丰区）	26日晚，降雨量为40.0mm，极大风速为16.6m/s（大丰站）	灌浆期	4级：较重倒伏；中到大面积无规则倒伏（一言，2013）

续表

编号	日期	地点	气象因素	生育时期	倒伏等级、面积及来源
39	2013.05.27	江苏省盐城市亭湖区	25日晚至26日降雨，降雨量达30mm，同时伴有6～8级大风，极大风速为19.7m/s（盐城站）	灌浆期	4级：较重倒伏；小面积片状至大面积向同一个方向倒伏（黄钻华和王永超，2013）
40	2013.05.27	江苏省徐州市邳州市、睢宁县等8个县（市）	25日晚至26日连续降雨，降雨量为100mm，极大风速为15.5m/s（邳州、睢宁、徐州站）	灌浆期	4级：较重倒伏；点状倒伏，出现点片倒伏44 200hm^2，其中较重（倾斜角度在45°以上）倒伏面积为15 987hm^2（梅源，2013；徐州气象局，2013）
41	2013.05.26	河北省衡水市景县	25日晚至26日连续降雨，降雨量为32.0mm，极大风速为17.2m/s	灌浆期	3级：中度倒伏；小面积片状向同一个方向倒伏（车景军，2013）
42	2013.05.26	河北省沧州市吴桥县	连续两天降雨，降雨量为32.0mm，并伴随大风，极大风速为17.2m/s	灌浆期	4级：较重倒伏；沿播种方向大面积倒伏（全县小麦受灾面积7 000hm^2，严重受灾面积1 000hm^2以上）（高正，2013）
43	2013.06.03	河北省邯郸市大名县	2日晚遭遇大风冰雹袭击，降雨量为23.3mm，极大风速为19.0m/s	成熟期	5级：严重倒伏；大面积向一个方向倒伏，有超过4 000hm^2的小麦出现不同程度的倒伏（王海慧，2013）
44	2013.06.08	河北省沧州市泊头市	25日晚至26日连续降雨，降雨量达40.0mm以上，极大风速为14.9m/s	成熟期	4级：较重倒伏；大面积无规则倒伏（闻名，2013）
45	2013.06.08	河北省石家庄市正定县	7日13:00～15:00降雨，降雨量为76.5mm（正定站），极大风速为17.2m/s	成熟期	4级：较重倒伏；大面积点状、片状倒伏，严重倒伏面积为6 667hm^2（郭迎春，2013；魏茜，2013；申玲敏，2013）
46	2013.06.10	河北省邢台市隆尧县	9日晚大雨，降雨量为35.3mm（隆尧站），极大风速为19.0m/s	成熟期	4级：较重倒伏；80%小麦向一个方向倒伏（齐坤，2013；秦庆翔，2013）
47	2013.05.25	河南省漯河市舞阳县	24日晚至26日连续降雨，降雨量为77.0mm（舞阳站），极大风速为17.2m/s	灌浆期	5级：严重倒伏；大面积向同一个方向倒伏（翟婷，2013；王书栋，2013）

续表

编号	日期	地点	气象因素	生育时期	倒伏等级、面积及来源
48	2013.05.26	河南省新乡市封丘县	25 日晚至 26 日连续降雨，降雨量为 66.5mm，最大降雨量达 79.1mm，极大风速为 12.6m/s（新乡站）	灌浆期	3 级：中度倒伏；片状向一个方向部分倒伏（吴名，2013）
49	2013.04.05	湖北省荆州市	降雨量为 7.8mm，极大风速为 18.3m/s（荆州站）	开花期	3 级：中度倒伏；片状向一个方向发生倒伏，倒伏面积为 16 667hm²（耿一风和苏荣瑞，2013）
50	2013.05.22	山西省运城市永济市、稷山县、新绛县	降雨量达 21.2mm 以上，极大风速为 21.3m/s（稷山站）	灌浆期	4 级：较重倒伏；向一个方向呈条状倒伏，永济市小麦受灾面积达 11 553hm²（薛启涛，2013；冯明理，2013；马俊卿，2013）
51	2013.05.22	山西省运城市盐湖区	22 日 18:00，降雨量为 40.7mm，极大风速为 23.3m/s（运城站）	灌浆期	5 级：严重倒伏；较大面积向同一方向倒伏（严重时倒伏率达 90% 以上），倒伏面积为 1 067hm²（杨朝晖，2013）
52	2013.07.17	黑龙江省黑河市嫩江县	15 日白天中雨、晚上大到暴雨，降雨量为 54.7mm，极大风速为 18.9m/s（嫩江站）	开花期	5 级：严重倒伏；大面积完全倒伏（中储粮北方农业开发有限公司，2013）

注：（1）根据中国气象观测业务规定，平均风速达到蒲福风级 6 级或 10.8～13.8m/s、极大风速达到 8 级或超过 17.2m/s 的风为大风，凡文献中报道风速达大风标准者统一按 17.2m/s 极大风速进行折算；（2）报道中风力等级与风速转换时，统一取上限风速的下限值，如风速 5～7 级，取 7 级对应风速 13.9～17.1m/s 的下限值 13.9m/s；（3）最大风速乘以 1.59 折算为极大风速

在收集的 52 个倒伏案例中，主要由大风性天气导致的倒伏案例仅有 4 个。2012 年 5 月 25 日晚，山东省利津县出现降雨及大风天气，降雨量为 4.3mm，极大风速为 14.1m/s，导致小麦发生较大面积倾斜（图 1-1a）（爱东，2012）。2013 年 4 月 5 日，湖北省荆州市出现降雨及大风天气，降雨量为 7.8mm，极大风速为 18.3m/s，导致处于开花期的小麦呈片状沿风向发生倾斜或倒伏，倒伏面积为 16 666hm^2（图 1-1b）（耿一风和苏荣瑞，2013）。2007 年 5 月 28 日，山东省郯城县在未出现明显降雨的条件下，24.4m/s 的大风导致处于灌浆期的小麦发生连片倒伏，倒伏面积达 667hm^2（图 1-1c）（杜明函和房德华，2007；新华社，2007）。2012 年 5 月 16 日下午，安徽省灵璧县出现降雨及大风天气，降雨量为 0.9mm，持续 10min 的大风（风力 8 级，瞬间风力 10 级以上，极大风速 26.5m/s）导致小麦大面积向一个方向倒伏或不规则倒伏（图 1-1d）（灵璧县气象局，2012）。

图 1-1　大风型小麦大面积倒伏

a．山东省利津县（2012.05.25）；b．湖北省荆州市（2013.04.05）；

c．山东省郯城县（2007.05.28）；d．安徽省灵璧县（2012.05.16）

大风型小麦倒伏，不同风速可以导致 2～5 级不同程度的大面积倒伏。这种倒伏的明显特征是小麦沿风向发生大面积倾斜，甚至全部倒伏。此类倒伏均为茎倒伏。

1.2.1.2　持续降雨型倒伏

持续降雨型倒伏是指由持续数小时至数天的连续降雨，降雨量较大，在降雨的同时或之后有较大风速的大风引起的小麦倒伏（图 1-2）。

图 1-2　持续降雨型小麦大面积倒伏

a. 山东省济宁市（2007.05.22）；b. 安徽省郎溪县（2012.05.08）；
c. 河南省封丘县（2013.05.26）；d. 山东省枣庄市（2013.05.26）

在 52 个倒伏案例中，由持续降雨及大风引起的倒伏案例有 10 个，如内蒙古自治区乌拉特中旗、临河区、杭锦后旗等。2007 年 5 月 20～21 日，山东省济宁市出现持续降雨，平均降雨量达到 66.4mm，极大风速为 10.8～13.3m/s，导致兖州区、嘉祥县、任城区、曲阜市、微山县、梁山县等地发生较重程度的小麦倒伏，绝大多数小麦沿风向倒伏，倒伏面积为 80 667hm^2（图 1-2a）（张宏磊等，2007）。2012 年 5 月 7 日，安徽省郎溪县出现持续降雨，降雨量达 80.0mm，降雨期间伴有 9.1m/s 的大风，小麦呈条状或不规则倒伏（图 1-2b）（郎溪论坛，2012）。2013 年 5 月 25 日晚至 26 日，河南省封丘县出现连续降雨，降雨量为 66.5～79.1mm，极大风速为 12.6m/s，小麦呈片状沿风向部分倒伏（图 1-2c）（移动民生，2013）。2013 年 5 月 25 日 20:00 至 27 日 20:00，山东省枣庄市山亭区出现持续降雨，降雨量为 109.4mm，极大风速为 12.3m/s，导致小麦发生严重倒伏，小麦大面积沿风向连片倒伏（图 1-2d）（华夏，2013；梅艳，2013）。此类倒伏的最大特征是倒伏较为零乱、植株随机向不同的方向或沿风向倒伏，具体情况与倒伏时的风速大小有关。这种倒伏以根倒伏为主，倒伏程度跨度较大，从轻微倒伏至连片倒伏均可发生。

1.2.1.3　大风大雨型小麦倒伏

大风大雨型小麦倒伏是由大风及大雨共同作用而引发的小麦倒伏，这种倒伏是大面积倒伏的主要类型。在 52 个倒伏样本中，此种类型的倒伏案例共有 38 个，占倒伏样本总数的 73%。这种类型依据风速、降雨量的不同，可以分为 3～5 级的小麦倒伏（图 1-3）。

图 1-3　大风大雨型大面积小麦倒伏

a．山东省茌平县（2013.05.27）；b．河南省尉氏县（2008.05.17）；
c．内蒙古自治区乌拉特中旗（2012.06.28）；d．山东省寿光市（2012.06.02）

大风大雨型倒伏最主要的特征是小麦主要沿风向倒伏，根据风向与小麦种植方向的不同分成两种典型类型。如果风向与种植方向垂直则可能导致小麦顺着风向发生不同程度倒伏，倒伏方向与种植方向垂直。例如，2013 年 5 月在山东省茌平县发生的小麦倒伏（图 1-3a）（中国气象视频网，2013）和 2008 年 5 月在河南省尉氏县发生的小麦倒伏（图 1-3b）（贺巍和杨红勇，2008）。如果风向与种植方向平行则可能引发涌浪状小麦倒伏。例如，2012 年 6 月在内蒙古自治区乌拉特中旗发生的小麦倒伏（图 1-3c）（韩继旺，2012）和 2012 年 6 月在山东省寿光市发生的小麦倒伏（图 1-3d）（刘雯，2012；优酷，2012）。

1.2.2　小麦倒伏的气象因素分析

1.2.2.1　极大风速及降雨量对倒伏程度的影响

为研究小麦倒伏程度与极大风速和降雨量的关系，我们分别对极大风速和日降雨量两者与小麦倒伏等级间的关系进行了统计分析，结果如表 1-2 所示。

表 1-2　大面积倒伏气象因素统计表

倒伏级别	样本数量	极大风速 /（m/s）			日降雨量 /mm		
		最小值	最大值	平均值	最小值	最大值	平均值
2	4	9.1	14.1	12.1±2.3a	4.3	80.0	34.3±29.0a
3	8	11.1	18.3	15.1±2.3ab	7.8	66.5	33.4±19.2a
4	20	11.8	25.2	17.1±3.0b	21.3	114.3	57.1±30.8a
5	20	12.3	30.6	21.9±5.5c	0.0	125.6	45.1±35.1a

注：同列不同小写字母表示在 0.05 水平差异显著

由表 1-2 中数据可以发现 9.1～14.1m/s、11.1～18.3m/s、11.8～25.2m/s 和 12.3～30.6m/s 的极大风速可以分别引起 2～5 级的大面积小麦倒伏。小麦倒伏程度与极大风速间呈显著的正相关关系，而日降雨量与倒伏程度之间相关性未达显著水平。极大风速（x_1）和日降雨量（x_2）对倒伏程度（y）的作用，可以用如下回归方程表示：$y=0.145x_1+0.013x_2+0.799$（$F=32.509$, $P<0.01$），这说明极大风速、日降雨量两者的综合作用对倒伏程度具有显著影响，其中风速对倒伏程度的贡献要远远大于日降雨量。

自然条件下大多数的小麦倒伏都是刮风和降雨两者共同作用的结果，因此导致同样程度倒伏所需风速（图 1-4a）和降雨量（图 1-4b）数据分布范围很宽，不易直接观察两者对倒伏的贡献。为减小风速和降雨量数据分散对分析的影响，笔者对引发小麦倒伏的风速、降雨量数值按倒伏等级分别计算平均值，并分别建立平均风速和平均降雨量与小麦倒伏程度的直线回归方程（图 1-4c 和 d）。

图 1-4 数据表明，风速是决定小麦倒伏及严重程度的主导因素，两者呈极显著的正相关关系（$r=0.611$，$P<0.01$）（图 1-4a）；日降雨量与倒伏程度未达

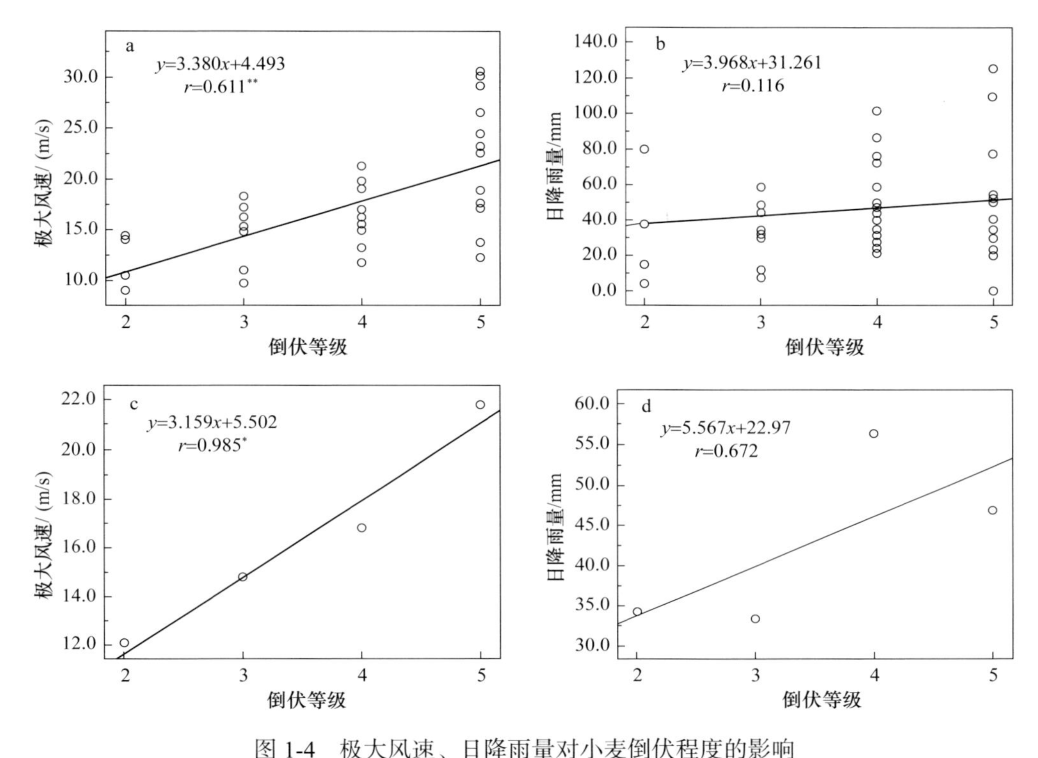

图 1-4　极大风速、日降雨量对小麦倒伏程度的影响

a．极大风速与小麦倒伏等级间关系；b．日降雨量与小麦倒伏等级间关系；
c．极大风速平均值与小麦倒伏等级间关系；d．日降雨量平均值与小麦倒伏等级间关系；
* 表示显著相关（$P<0.05$），** 表示极显著相关（$P<0.01$），下同

显著相关水平（$r=0.116$，$P>0.05$）（图 1-4b），表明降雨在小麦倒伏过程中处于辅助地位。按照倒伏等级计算倒伏案例的极大风速和降雨量的平均值，并分别统计两者与倒伏等级的相关关系，两者与倒伏程度的相关系数 r 分别为 0.985（图 1-4c）、0.672（图 1-4d）。引发倒伏的风速及降雨量之间呈显著的负相关关系（$r=-0.426$，$P<0.01$）。

1.2.2.2　刮风及降雨引发小麦倒伏的机制

统计分析结果表明，引发 2～5 级大面积小麦倒伏的降雨量与极大风速两者均呈负相关关系，相关系数 r 分别为-0.935、-0.451、-0.571^{**}、-0.661^{**}。受 2～3 级倒伏案例数量的限制，降雨量与极大风速两者间虽呈明显的负相关关系，但未达显著水平。为降低降雨量数值高度分散对统计的影响，将每个倒伏级别样本的降雨量首先按小雨（0.0～9.9mm）、中雨（10.0～24.9mm）、大雨（25.0～49.5mm）、暴雨（50.0～99.0mm）和大暴雨（100mm 以上）分段计算平均值，然后再以分段平均降雨量对极大风速作图建立相关直线回归方程（图 1-5）。

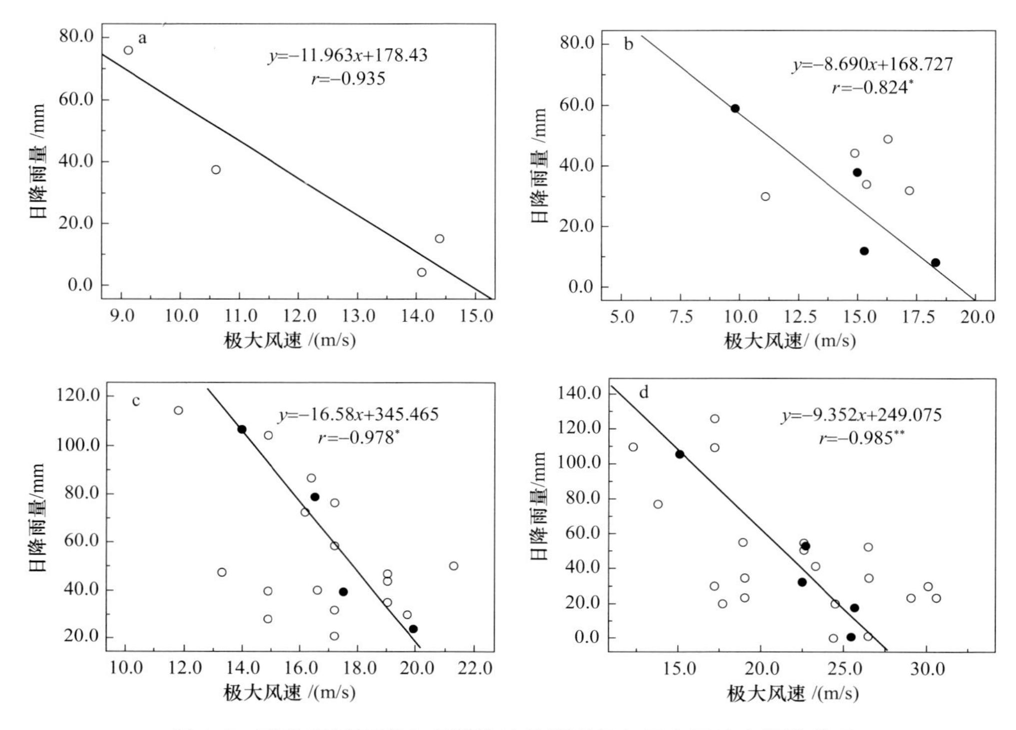

图 1-5　引发不同程度小麦倒伏的日降雨量与极大风速之间的关系

a．2 级；b．3 级；c．4 级；d．5 级；实心点为依据降雨级别分别计算的平均值，
空心点为实际报道风速及降雨量值；图中趋势线和方程依据分段降雨量及风速平均值绘制与计算

未出现降雨及不同降雨量条件下引发相同程度倒伏所需临界风速采用直线外推法，即分别将不同等级降雨量依次代入方程的方法获得。

由图 1-5 可以看出，引发 2～5 级小麦倒伏所需降雨量和极大风速因素间呈负相关关系，相关系数 r 分别为 -0.935、-0.824^{*}、-0.978^{*}、-0.985^{**}。在无降雨的条件下，14.9m/s、19.4m/s、21.5m/s 和 26.5m/s 的极大风速或者 9.4m/s、12.2m/s、13.5m/s 和 16.7m/s 的最大风速（相当于蒲福风级的 5 级、5～6 级、6 级和 7 级）可以分别导致 2～5 级的小麦倒伏。在伴随降雨的情况下，形成同样等级倒伏所需极大风速随降雨量的增加呈线性减小。在出现小雨、中雨、大雨、暴雨和大暴雨情况下，发生 2～5 级倒伏所需平均极大风速分别为无降雨情况下极大风速的 95%±0.00%、87%±0.01%、73%±0.04%、60%±0.09% 和 49%±0.15%。从降雨量 10.0mm 的小雨至 100.0mm 的暴雨，降雨量每增加 10mm，引发各级倒伏所需平均极大或最大风速减小 5.3%±2.3%。在出现持续降雨、土壤含水量基本达到饱和的情况下，10.8～12.3m/s 的极大风速即可引起大面积的小麦倒伏。例如，2007 年 5 月 20～21 日山东省济宁市在持续降雨 66.4mm 的条件下，10.8～13.3m/s 的极大风速导致兖州区、嘉祥县等地发生较重程度小麦倒伏，倒伏面积 80 667hm^2（图 1-2a）（张宏磊等，2007）。2013 年 5 月 25 日山东省枣庄市山亭区在持续降雨 109.4mm 的条件下，极大风速为 12.3m/s，导致小麦发生严重倒伏，小麦大面积沿风向连片倒伏（图 1-2d）（胡兵，2013；梅艳，2013）。综合比较两种分析方法，相对而言，分段计算平均值方法计算结果与实际情况较为一致，而非均值方法由于降雨量数值的高度分散性，未降雨情况下引发大面积倒伏风速的计算结果显著大于实际观测结果。

目前，一般认为，小麦倒伏是由风垂直施加在小麦茎秆上的临界弯矩超过茎秆基部或根锚固系统（anchorage system）能够承受的破坏弯矩而引起的（Berry et al.，2003a）。降雨虽然不是导致小麦大面积倒伏的主要因素，但对小麦倒伏程度有非常重要的影响。降雨主要通过 3 种方式影响小麦倒伏的发生类型及严重程度：①降雨通过增加小麦穗、叶湿重降低小麦茎秆基部能够承受的破坏弯矩，间接降低引发小麦倒伏的临界风速；②降雨增加土壤含水量，减小小麦根系周围土壤的破坏弯矩，降低引发小麦根倒伏的临界风速；③降雨量及风速大小两者共同决定小麦倒伏的类型。在单纯出现强风或伴随大到暴雨的条件下，小麦倒伏的类型主要为茎倒伏或根倒伏；而在持续降雨并伴随或其后有较大风速的大风条件下，小麦则多以根倒伏为主。

1.2.2.3　小麦倒伏的天气类型

调查结果表明，大面积小麦倒伏案例中大风型、持续降雨型和大风大雨型 3 种类型分别占调查案例总数的 8%、19% 和 73%。其中，大风大雨型倒伏是倒伏的主要类型，其次是持续降雨型。除少数持续降雨型小麦倒伏外，强对流天气是引发大面积严重倒伏的主要天气类型。在 52 个调查样本中，由大风或大风大雨天气引起的倒伏有 42 个，占总调查样本的 81%。

倒伏发生的时间也有明显的规律性，在 52 个倒伏案例中有 42 个是发生在下午和晚上，占总调查样本的 81%。小麦倒伏发生的时间因天气的不同而有很大差别。大风大雨型小麦倒伏发生的时间通常很短，许多倒伏在 10min 至数小时内发生。例如，2008 年 5 月 17 日，河南省尉氏县出现大风、强降雨天气，持续 30min 的强降雨（降雨量为 52.4mm）及持续 10min 的 9～10 级大风（极大风速达 26.5m/s）导致 13 333hm^2 小麦发生倒伏，其中 4 级以上较重倒伏面积为 6667hm^2。2009 年 6 月 6 日，河南省鹿邑县出现强降雨天气，降雨量 50mm、极大风速 16.2m/s 和近 10min 的冰雹引起 1337hm^2 小麦发生倒伏。持续降雨型倒伏则可能在开始持续降雨数小时至数天内发生，但发生倒伏的时间同样很短。这些结果提示强对流天气是导致小麦大面积倒伏的主要天气类型。

1.2.3　小麦倒伏的重要类型及地理分布

为研究目前小麦倒伏发生的形式，我们在 2014 年 5～6 月对河南省新乡市周边地区小麦倒伏的类型进行了实地调查。5月1日至6月15日，河南省新乡市周边发生了两次较大规模的倒伏。从实地调查的结果来看，大面积的连片倒伏包括茎倒伏和根倒伏两种类型。其中，大风型倒伏多属茎倒伏，大风大雨天气引起的倒伏既可能是茎倒伏也可能是根茎倒伏，而持续降雨型倒伏则均为根倒伏。实地调查结果与文献调研结果基本一致。目前，中国小麦大面积倒伏的区域以黄淮流域为主，其中山东省22次、河北省9次、河南省5次、安徽省4次、江苏省3次、新疆维吾尔自治区3次、湖北省2次、山西省2次、黑龙江省1次、内蒙古自治区1次。

1.3 结　论

本书通过对2007～2014年我国52个大面积小麦倒伏案例发生的日期、等级、类型及气象因素进行统计分析，为深入了解目前小麦生产中大面积倒伏发生的情况提供了较详细的数据资料。目前，我国小麦生产中发生的大面积倒伏主要包括大风型、持续降雨型和大风大雨型3种类型，分别占样本总数的8%、19%和73%。大风大雨型倒伏是小麦倒伏的最主要形式。强对流性天气是导致大面积小麦倒伏的主要气象类型。风速是导致小麦倒伏的主要气象因素，与倒伏程度呈显著或极显著正相关关系。降雨对小麦倒伏程度也有很大影响，主要通过增加植株自身湿重、降低植株茎部破坏弯矩及根系周围土壤对植株的锚固强度间接降低小麦倒伏所需临界风速。小麦大面积倒伏所需风速与降雨量两者相关。在没有降雨的条件下，14.9m/s、19.4m/s、21.5m/s和26.5m/s的极大风速或者9.4m/s、12.2m/s、13.5m/s和16.7m/s的最大风速（相当于蒲福风级的5级、5～6级、6级和7级）可以分别导致2～5级的小麦大面积倒伏。在伴随降雨的条件下，形成同样等级倒伏所需极大风速则随降雨量的增加呈线性减小。在出现小雨、中雨、大雨、暴雨和大暴雨情况下，发生同样程度倒伏所需的极大风速分别为无降雨情况下极大风速的95%、87%、73%、60%和49%。山东省是我国倒伏程度最重的省份，其次是河北省和安徽省。大风大雨型倒伏是目前小麦抗倒伏育种工作者应该重点关注的倒伏类型，在抗倒伏小麦育种中除应继续关注茎秆强度的选育外，更应加强根部性状选择，培育能够抵御单纯大风及大风大雨天气的抗倒伏小麦品种。

参考文献

爱东. 2012. 利津昨晚强对流天气造成部分麦田倒伏. http://bbs.iqilu.com/thread-9021127-1-1.html [2014-02-10].

白红彬. 2011. 狂风暴雨三万三千亩小麦倒伏. http://movie.nongmintv.com/show.php?itemid=11960 [2014-02-10].

车景军. 2013. 大雨导致部分小麦倒伏专家提补救措施. http://news.china.com.cn/live/2013-05/30/content_20279103.htm [2014-07-05].

陈玉东, 张勇. 2009. 赵亚忠到六十二团视察灾情. http://www.nssh.gov.cn/2009/6-25/11621.html [2014-02-10].

杜明函, 房德华. 2007. 遭遇大风冰雹灾害　一场大风刮跑半年血汗. http://www.dzwww.com/shandong/shrx/200705/t20070530_2193949.htm [2014-02-10].

杜昱葆. 2008. 山东沂南小麦遭风灾倒伏减产. http://news.sdinfo.net/sdyw/429593.shtml [2014-02-10].

房稳静, 郭勇, 黄元, 等. 2013. 小麦大风暴雨倒伏灾害的模拟试验研究. 河南科学, 31（6）: 777-779.

冯明理. 2013. 运城遭遇强对流天气有灾情和险情出现. http://www.sxsqxj.gov.cn/show.aspx?id=90212&cid=52 [2014-07-15].

冯文雅. 2013. 暴雨致山东聊城 30 余万亩小麦倒伏. http://news.xinhuanet.com/local/2013-05/29/c_124779100.htm [2015-09-05].

高正. 2013. 河北吴桥技术指导员田间调查小麦倒伏情况. http://www.farmers.org.cn/Article/ShowArticle.asp?ArticleID=282404 [2014-07-15].

耿一风, 苏荣瑞. 2013. 大风霜冻等天气导致湖北宁夏等地农作物受损. http://env.people.com.cn/n/2013/0408/c74877-21054610.html [2014-07-15].

光静静. 2012. 暴雨冲倒阿苇滩镇小麦. http://ww.alt.gov.cn/Article/Show Article.aspx?ArticleID=40340 [2014-06-05].

郭迎春. 2013. 河北强降雨来袭, 小麦倒伏严重. http://www.mywtv.cn/jiemu/2013-06/08/content_933699.htm [2014-07-15].

韩继旺. 2012. 50 年一遇强降雨袭击“塞外粮仓”, 河套农业遭受重创. http://www.anhuinews.com/zhuyeguanli/system/2012/07/06/005066244.shtml [2014-02-10].

韩凯. 2013. 暴雨大风突袭, 桓台高青小麦大片倒伏. http://news.lznews.cn/2013/0528/695413.html [2014-07-20].

何雪峰. 2011. 灾害天气突袭安徽宿州, 数十万人受灾损失近 3 亿. http://www.chinanews.com/gn/news/2010/06-01/2316064.shtml [2014-02-10].

河北省玉田县农牧局. 2012. 抢抓时机, 做好小麦倒伏减灾工作. http://www.farmers.org.cn/Article/ShowArticle.asp?ArticleID=181956 [2014-02-10].

贺婷. 2009. 夏邑县采取措施, 应对小麦倒伏. http://ha.pway.cn/sy/hd/200906/15304.htm [2014-02-20].

贺巍, 杨红勇. 2008. 尉氏县近 20 万亩小麦发生倒伏. http://www.hnws.agri.gov.cn/zhonghe/main.asp?id=1900 [2014-07-20].

侯颜霞. 2013. 曲阜：做好暴雨应急服务和灾情调查工作. http://roll.sohu.com/20130528/n377296561.shtml [2014-07-20].

胡兵. 2012. 临邑德平突降冰雹小麦成片倒伏. http://roll.sohu.com/20120611/n345269868.shtml [2014-07-20].

胡兵. 2013. 风雨交加致德州黄河涯镇小麦倒. http://www.idzwb.com/n-10-11480-1.html [2014-07-20].

华夏. 2013. 我国部分地区受暴风雨袭击, 小麦倒伏减产. http://news.xinhuanet.com/photo/2013-05/27/c_124769738_3.htm [2014-07-20].

黄钻华, 王永超. 2013. 江苏省盐城市农委专家到亭湖指导灾后麦子补救工作. http://www.farmers.org.cn/Article/ShowArticle.asp?ArticleID=282633 [2014-07-20].

晋伟雄. 2013. 暴雨致菏泽近 26 万亩小麦倒伏对夏粮收获影响不大. http://heze.dzwww.com/news/201305/t20130528_8431650.htm [2014-07-20].

荆州区农业局. 2012. 荆州区小麦大面积倒伏的原因及管理对策. http://www.farmers.org.cn/Article/ShowArticle.asp?ArticleID=168733 [2014-07-20].

郎溪论坛. 2012. 郎溪施吴村境内小麦油菜倒伏受灾. http://www.langxi.org/thread-470982-1-1.html [2014-02-20].

李栋印. 2012. 暴雨袭济阳 24.3 万亩小麦倒伏. http://news.sina.com.cn/o/2012-06-12/033924575864.shtml [2014-07-20].

李海英, 刘定富. 2015. 全球小麦产业发展分析. http://www.agrogene.cn/info2544.shtml [2014-07-20].

李化成. 2013. 暴雨来袭, 济宁等部分地区出现小麦倒伏. http://www.jnnews.tv/news/2013-05/27/cms347501article.shtml [2014-07-20].

灵璧县气象局. 2012. 强对流天气袭击灵璧. http://szlb.ahnw.gov.cn/ldzc/bdxx/122621.shtml [2012-05-17].

刘和平, 程敦公, 吴娥, 等. 2012. 黄淮麦区小麦倒伏的原因及对策浅析. 山东农业科学, 44 (2): 55-56.

刘洪彬. 2009. 鹿邑县遭特大狂风暴雨和冰雹的袭击, 小麦大面积倒伏. http://www.zkxww.com/html/200906/06/145327983.htm [2014-07-20].

刘雯. 2012. 冰雹如大枣, 麦田出现倒伏数百大棚受损. http://www.sgnet.cc/a/2012-06/04/content_838315.htm [2014-07-20].

刘遥. 2013. 风雨过后小麦大片倒伏, 沂南县大庄镇农民愁坏了. http://www.hj0539.com/news/local/1992850.html

[2015-05-20].
刘英. 2010. 一三一团遭受大风强降水灾害侵袭. http://www.xjbtw.com/btjjyj_Show.asp?ArticleID=50184 [2015-05-20].
吕廷川. 2013. 风雨突袭, 小麦遭殃. http://pic.gmw.cn/cameramanplay/538939/638841/1021322.html [2015-05-20].
吕玮. 2013. 山西南部遭受风雹灾害致 16 万人受灾. https://shanxi.sina.com.cn/news/b/2013-05-25/101324241.html [2015-07-20].
马俊卿. 2013. 强对流天气致山西运城部分县市小麦倒伏严重. http://news.xinhuanet.com/photo/2013-05/24/c_132405782.htm [2015-07-20].
梅艳. 2013. 冬麦区暴雨利弊皆有, 鲁豫苏皖冬小麦倒伏. http://www.xn121.com/zhxw/1655894.shtml [2015-07-20].
梅源. 2013. 暴雨过后, 宿迁 100 万亩小麦受灾. http://jsnews.jschina.com.cn/system/2013/05/28/017425198.shtml [2015-07-20].
戚尚恩. 2010. 宿州普降大到暴雨小麦倒伏受灾. http://www.zgqxb.com.cn/sjty/sjxw/201006/t20100612_9511.htm [2015-07-20].
齐坤. 2013. 河北隆尧：连续降雨, 小麦倒伏. http://v.ku6.com/show/R_YrZdYbFQ4oPCPyT8pDXA.html?nr=1 [2015-07-20].
齐鲁. 2013. 商河县大约三分之一的麦田倒伏. http://bbs.iqilu.com/thread-11689624-1-1.html [2015-07-20].
秦庆翔. 2013. 大雨造成邢台部分麦田积水严重小麦出现倒伏. http://www.hebradio.com/xwgb/201306/t20130609_1121773.html [2015-07-20].
申玲敏. 2013. 河北迎蛇年最强降雨, 最大降雨量达 108.6 毫米. http://www.china news.com/df/2013/05-26/4857047.shtml [2015-07-20].
沈艳, 冯明农. 2008. 中国逐日网格降水量实时分析系统（1.0 版）数据集. http://cdc.cma.gov.cn/choiceStation.do [2015-03-10].
铁军. 2013. 德州郊区部分麦田倒伏严重, 今年小麦减产. http://club.dzwww.com/thread-35400321-1-1.html [2015-06-05].
王海慧. 2013. 邯郸大名县遭遇大风冰雹灾害. https://v.youku.com/v_show/id_XNTY2NzM1OTQ0.html [2014-09-05].
王君彩, 刘子伟, 刘悦上. 2013. 滨州连日风雨 17 万亩小麦倒伏, 滨城情况最重. http://binzhou.dzwww.com/bzhxw/201305/t20130528_8431462.htm [2014-09-05].
王倩. 2013. 宁阳：连日降雨, 小麦出现部分倒伏. http://www.1545ts.com taiannews/contents/697/216868.html [2014-09-05].
王书栋. 2013. 河南明天雨停, 后天再迎降水, 农业受影响. http://roll.sohu.com/20130526/n377098930.shtml [2014-09-05].
王亚男. 2013. 恶劣天气致聊城近万亩小麦濒临绝产. http://news.sdchina.com/minsheng/5557.html [2014-09-05].
魏茜. 2013. 人保财险石家庄分公司迅速查勘理赔小麦倒伏灾情. http://shijiazhuang.auto.ifeng.com/xinwen/2013/0614/5256.html [2014-09-05].
闻名. 2013. 倒伏的小麦. http://tieba.baidu.com/p/2380865314 [2014-09-05].
新华社. 2007. 风冰雹突袭山东郯城, 造成万余亩小麦倒伏. http://news.xinhuanet.com/photo/2007-05/29/content_ 6167229.htm [2014-02-05].
新华社. 2010. 雷雨大风冰雹齐袭菏泽小麦倒伏. http://www.sd.xinhuanet.com/news/2010-06/19/content_20109318.htm [2014-09-05].
宿州市气象局. 2012. 农机部门积极做好倒伏小麦抢收准备. http://www.ahnjh.gov.cn/subarea/SZ/Content.asp?ID=20483&lClass_ID=315 [2015-09-05].
徐州气象局. 2013. 徐州 2013 年 5 月 25～27 日暴雨对小麦生产的影响评估. http://www.xzqxj.com/showNews.asp?ID=1547 [2014-09-05].
薛启涛. 2013. 山西永济：“强对流天气”引发当地小麦“严重倒伏”. http://pic.gmw.cn/cameramanplay/ 128176/634913/0.html [2014-09-05].
杨朝晖. 2013. 盐湖区初夏首场雷雨天气缓解了旱情又带来了灾情. http://www.sxsqxj.gov.cn/show.aspx?id=90216&cid=52 [2014-09-05].
一言. 2013. 暴风雨突袭, 广大农村麦子倒伏严重. http://news.dfzs.js.cn/local/economy/2013/0528/36858.shtml [2014-09-05].
移动民生. 2013. 雨后小麦倒伏. http://www.tv373.com/lanmu/caixin/pic.view.php?id=130527090302963&page=6 [2014-09-05].

优酷. 2012. 暴风雨过后, 山东寿光某村部分村民的小麦全部倒伏. http://v.youku.com/v_show/id_XNDMwMTU2MTk2.html [2014-08-05].

翟婷. 2013. 漯河：暴雨过后专家支招防小麦倒伏. http://www.luohe.com.cn/html/xwzx/lhxw/2013-05/48788.html [2014-09-05].

张海龙. 2013. 冰雹过后东阿近万亩小麦倒伏. http://v.iqilu.com/2013/05/25/3901049.shtml [2015-09-05].

张宏磊, 张夫稳, 宋杰, 等. 2007. 山东连续降雨并伴大风, 济宁 121 万亩小麦倒伏. http://www.dzwww.com/handong/sdnews/200705/t20070524_2177097.htm [2014-09-05].

赵辉. 2012. 端午节一场暴风雨, 丰收在望的小麦倒伏了. http://blog.sina.com.cn/s/blog_adf594e0010169tu.html [2014-09-05].

赵平平, 于启波. 2013. 10 万亩小麦风雨后倒伏, 专家提醒加强防治病虫害. http://www.whnews.cn/2013news/ 2013-05/29/content_5700080.htm [2014-09-05].

中储粮北方农业开发有限公司. 2013. 五场小麦遭遇第二次风灾, 大面积倒伏. http://www.sinograinbf.com/news/2013-7-17/9438.htm [2014-09-05].

中国国家统计局. 2017. 中国统计年鉴. http://www.stats.gov.cn/tjsj/ndsj/2017/indexch.htm [2018-08-15].

中国气象局. 2014. 风力分级. http://www.cma.gov.cn/2011xzt/20120816/2012081601/201208160101/201407/t20140717_252607.html [2015-08-05].

中国气象视频网. 2013. 暴雨大风致山东小麦大面积倒伏. http://weather.news.qq.com/a/20130528/012243.htm [2014-08-05].

朱新开, 王祥菊, 郭凯泉, 等. 2006. 小麦倒伏的茎秆特征及对产量与品质的影响. 麦类作物学报, 26 (1): 87-92.

邹凤玲, 朱燕君. 2013. 中国地面气候资料日值数据集. http://cdc.cma.gov.cn/choiceStation.do [2015-05-05].

Baker C J, Berry P M, Spink J H, et al. 1998. A method for the assessment of the risk of wheat lodging. Journal of Theoretical Biology, 194 (4): 587-603.

Berry P M, Spink J H, Foulkes M J, et al. 2003a. Quantifying the contributions and losses of dry matter from non-surviving shoots in four cultivars of winter wheat. Field Crops Research, 80 (2): 111-121.

Berry P M, Sterling M, Baker C J, et al. 2003b. A calibrated model of wheat lodging compared with field measurements. Agric. For. Meteorol., 119 (3): 167-180.

Crook M J, Ennos A R. 1994. Stem and root characteristics associated with lodging resistance in four winter wheat genotypes. J. Agric. Sci., 123 (2): 167-174.

Easson D L, White E M, Pickles S L. 1993. The effects of weather, seed rate and genotype on lodging and yield in winter wheat. J. Agric. Sci., 121 (2): 145-156.

Foulkes M J, Slafer G A, Davies W J, et al. 2011. Raising yield potential of wheat. III. Optimizing partitioning to grain while maintaining lodging resistance. J. Exp. Bot., 62 (2): 469-486.

Niu L Y, Feng S W, Ru Z G. et al. 2012. Rapid determination of single-stalk and population lodging resistance strengths and an assessment of the stem lodging wind speeds for winter wheat. Field Crops Research, 139: 1-8.

Pang L L. 2013. Wind and rain hit Shandong, Weifang's wheat lodging. http://www.sd.xinhuanet.com/wf/2013-05/28/c_115937767.htm [2014-09-05].

Zadoks J C, Chang T T, Konzak C F. 1974. A decimal code for the growth stages of cereals. Weed Research, 14 (6): 415-421.

第 2 章　大面积小麦倒伏与气象因素关系实例研究

2017 年 4 月 22 日至 23 日，湖北省、河南省、河北省、山东省和陕西省出现了一次大范围的强对流天气，导致多地处于灌浆后期的小麦发生严重倒伏（韩妍妍和宋滢，2017；湖北省农业技术推广总站和湖北省农业科学院粮食作物研究所，2017；马焕香等，2017；杨凡等，2017；翟夏鹏，2017；李花利，2018）。河南省新乡市、焦作市、郑州市、安阳市及周边地市普遍经历了一次大风大雨天气。河南省境内的最大风速出现在原阳县，风速达到 9 级。最大降雨量出现在巩义市的大峪沟，日降雨量达到 141mm。时值小麦灌浆盛期，多地发生了较大面积的严重倒伏。为了解此次灾害性天气对河南及周边省市小麦生产的影响，并进一步探讨风速、降雨气象因素与小麦倒伏类型及严重程度的关系，我们根据从中国天气网（http://www.weather.com.cn/）获取的实时风速及降雨信息，在 4 月 23～30 日选择郑州、焦作、新乡三个城市中具有代表性的巩义市、温县、武陟县、获嘉县、辉县市、卫辉市、原阳县、新乡县、延津县、长垣县（现长垣市）和封丘县 11 个县（市），对其小麦倒伏的面积、类型、严重程度及其与风雨气象条件的关系进行了调查，行程 1000 余千米，直接调查小麦倒伏面积 8000 多公顷，拍摄照片 800 多张，录像 120min，为大面积小麦倒伏与风雨气象因素关系研究提供了宝贵的现场调查信息。

2.1　小麦倒伏样点选择及小麦倒伏调查方法

2.1.1　调查样点的选择

为了解不同风速、降雨量对小麦倒伏的影响，选择降雨量、风速存在较大差异的县（市）作为此次调查的对象。同时，为避免品种不同、管理不同及所处环境差异对倒伏的影响，此次选择地势开阔，小麦连片种植面积大，不受地势、村落等小环境影响的麦田作为调查的对象。据统计，此次考察地点麦田面积多在 200～350hm^2，最小 60hm^2，最大 1350hm^2。此次调查中倒伏最大区域在焦作市获嘉县与新乡市辉县市之间，纵横数千米。调查结果具有很好的代表性。

2.1.2　调查方法

为便于计算机分析调查资料，小麦倒伏等级参照农业行业标准 NY/T 1301—

2007《农作物品种区域试验技术规程　小麦》，倒伏等级划分采用 5 级制。

本次调查主要以对小麦产量影响较大的较重倒伏和严重倒伏为观察与研究对象，研究严重小麦倒伏发生的气象条件及规律。具体调查方法是首先利用手机拍照记录考察地点 GPS 定位信息，相机拍照、录像记录倒伏严重程度及倒伏类型；然后利用手机拍摄照片的 GPS 电子地图定位信息及时间信息确定相机拍摄照片的观测地点；再利用互联网上的电子地图计算调查麦田面积；最后依据现场拍摄的照片、录像资料估算小麦倒伏面积及严重程度。

2.1.3　气象资料获取方法

实时风速及降雨气象资料通过从中国天气网（http://www.weather.com.cn）下载整点天气实况信息，从国家气象科学数据中心（http://data.cma.cn/site/index.html）下载中国地面气象站逐小时观测资料（邹凤玲和朱燕君，2017），以及从河南雨量简明查询系统获取。三种来源的气象信息资料相互比对，选择距离倒伏调查地点最近的气象站（点）的气象数据作为最终的分析数据。

2.2　小麦倒伏的发生及分布情况

2.2.1　巩义市

巩义市是本次气象灾害中降雨量最大的地区，最大降雨量出现在大峪沟镇，达 141mm。巩义市的调查从连霍高速公路（G30）巩义段开始，沿 310 国道自东向西行驶先后经小关镇、大峪沟镇、巩义市，随后经 S237 由南向北驶出巩义市。小关镇和大峪沟镇虽是本次灾害性天气过程中降雨量较大的两个镇，但由于这两个镇多以浅山为主，小麦种植面积不大，沿途仅见部分麦田中有少量的小面积倒伏。在河洛镇古桥村 S314 道路旁边一块面积约 $20hm^2$ 的麦田中看到有少量的点状或条状倒伏发生，小麦沿风向向西南方向倒伏，倒伏面积占麦田总面积的 10% 以下，倒伏严重程度为 2 级，属于轻微倒伏。河洛镇神北村附近，S237 以东、S314 以北伊洛河转弯处一块约 $60hm^2$ 的麦田发生严重的小麦倒伏，倒伏面积占总面积 40% 左右，倒伏严重程度 3～5 级，其中完全沿风向朝西北方向完全倒伏、倒伏级别达 4 级者约占 20%。倒伏类型为根倒伏（附图 2-1）。S237 向北沿线也有较严重倒伏，倒伏情况与神北村相近。

总体倒伏严重程度：由于巩义市多属浅山或丘陵地带，小麦种植面积相对较小，降雨量虽大，但风速相对较小，因此总体严重倒伏麦田比例不大，估计可占麦田总面积的 10%～15%。

2.2.2 温县

沿省道 S237 向北行驶进入温县，温县是河南省著名的小麦生产县，小麦种植面积较大。我们重点调查了温县县城西南方向岳村街道的西关白庄村及祥云镇的小郑庄村，县城东北方向张羌街道的常店村，北冷乡的西保丰村、杜庄村，武德镇的北保丰村及赵堡镇的南保丰村等。西关白庄村、小郑庄村附近有约 $450hm^2$ 连片种植的小麦地块，约 40% 的麦田有倒伏现象，倒伏严重程度 3～5 级，其中 4～5 级大面积或连片倒伏小麦可占总面积的 25% 左右，小麦倒伏方向不一，但大多沿风向向西南方向倒伏（附图 2-2）。

县城以东、省道 S309 以北，常店（附图 2-3）、西保丰、北保丰及南保丰等村周边麦田有严重的倒伏现象，严重程度相近。其中，西保丰村、北保丰村及杜庄村周边约 $400hm^2$ 麦田，是集中连片种植的小麦种子繁育田，小麦长势很好，但倒伏程度较为严重，50% 以上小麦发生严重倒伏，小麦整体水平倒向地面，严重程度 4～5 级，其中 5 级倒伏可达 30% 以上（附图 2-4）。

温县小麦有 40%～50% 地块发生倒伏，完全倒伏估计可占麦田总面积的 25%～30%，属于典型的持续降雨型倒伏，倒伏类型为根倒伏，并且不同地块间倒伏程度相差很大。总体表现为长势好、群体大、仍处于灌浆盛期的地块倒伏重，而群体较小、成熟较早或已经接近成熟的地块倒伏少或没有倒伏。小麦总体倒伏严重程度重于巩义市。

2.2.3 武陟县

武陟县是此次调查中所看到的倒伏最重的地区之一，主要调查了大封镇大司马村、后孔村、王落村，大虹桥乡温村以及西陶镇南东陶村等地点。由温县赵堡镇沿 S309 向东行驶至大司马村、后孔村，沿途小麦均发生大面积连片倒伏，且倒伏程度由西向东逐渐加大，4～5 级较重至严重小麦倒伏面积占麦田总面积 80% 以上（附图 2-5）。温村、南东陶村、王落村等周围麦田倒伏严重程度与大司马村附近相近，近 $900hm^2$ 连片种植的小麦发生大面积倒伏，小麦完全倒向地面或连片倒伏，4～5 级较重至严重倒伏面积可达 80% 以上（附图 2-6）。

武陟县小麦总体倒伏面积及严重程度明显重于温县。倒伏类型主要为根倒伏或间有茎倒伏。

2.2.4 获嘉县

沿 S309 向东北方向行驶进入获嘉县，沿途麦田倒伏情况与武陟县相近。获嘉县城北 S203 公路以东，照镜镇小王庄村、巨柏村、西彰仪村及东彰仪村间约 $350hm^2$ 连片种植的麦田发生严重倒伏。小麦沿西南方向完全倒伏，4 级及以上倒伏占麦田总面积的 60% 以上（附图 2-7）。沿 S203 继续向北行驶至照镜镇樊庄村、小杨庄村等，附近约 800hm^2 麦田倒伏严重，90% 左右的麦田发生严重倒伏，以大面积连片倒伏或完全倒伏为主，4～5 级较重至严重倒伏可占 80% 以上（附图 2-8）。樊庄村、小杨庄村与小王庄村、巨柏村虽然相距较近，但倒伏严重程度明显较后者为重。除与气象因素有关外，主要还与品种有关，樊庄村、小杨庄村等周围大量种植了一种优质小麦品种，该品种抗倒伏性较弱。

获嘉县小麦倒伏程度整体上与武陟县相近，樊庄村、小杨庄村附近由于品种问题，倒伏较武陟县严重。倒伏类型主要为根倒伏。

2.2.5　辉县市

沿 S203 公路继续向北行驶进入辉县市，从武陟县的樊庄村、小杨庄村直至峪河镇的何庄村、小屯村及小营村，沿线道路两侧 80% 以上的麦田发生倒伏，以大面积或大面积连片倒伏为主，4～5 级严重倒伏约占麦田总面积的 70%，严重程度与获嘉县相同。

沿卫吴线向东行驶至赵固乡小岗村、大罗召村及占城镇冯官营村，沿途小麦倒伏明显减轻，附近约 260hm^2 连片种植的麦田有较严重倒伏，但多以条、片状或较大面积连片倒伏为主，严重程度一般为 3～4 级，没有发现大面积连片倒伏现象，倒伏面积可占麦田总面积 20%～30%（附图 2-9）。

沿卫吴线继续向东行驶至北云门镇，圪垱村、郭屯村、姬家寨村附近约 350hm^2 麦田有严重倒伏现象，多以条、片状或较大面积连片倒伏即 3～4 级为主，倒伏面积可占 30%～35%；大面积完全倒伏即 5 级倒伏占 10%～15%（附图 2-10）。辉县市城区附近及城区东面有一些点状、片状倒伏。

辉县市也是本次调查中倒伏较严重的地区之一，但不同区域倒伏严重程度差异较大，从西向东呈逐步降低趋势。以峪河镇至获嘉县交界处小麦倒伏最重，北云门镇次之，赵固乡小岗村等周边较轻，可能与周边村庄较为密集的环境有关。

辉县市小麦总体倒伏严重程度轻于获嘉县。倒伏类型主要为根倒伏。

2.2.6　卫辉市

从辉县市城南沿 S306 由西向东行驶，在汲水镇龙王庙村附近发现有约 70hm^2 麦田出现倒伏现象，多以大面积倾斜及较大面积倒伏为主，严重程度一般为 2～4 级，没有发现大面积连片倒伏现象（附图 2-11）。

卫辉市小麦总体倒伏严重程度轻于辉县市，面积估计可占麦田总面积的 10%～20%。倒伏类型为根倒伏或茎倒伏。

2.2.7　原阳县

原阳县是本次风雨灾害中风速最大的地方，最大风速达 9 级，且持续时间长。为详细了解此次风雨过程对原阳县小麦生产的影响，分别对福宁集乡、葛埠口乡及蒋庄乡3个地点麦田的倒伏状况进行了调查。福宁集乡倒伏相对较轻，东拐铺村、刘庵村附近约400hm^{2}麦田的40%～45%发生倒伏，以较大面积倾斜，较大面积的点、条状倒伏为主，3级及以下约占30%，4级占10%～15%（附图2-12）。

葛埠口乡小麦倒伏较重，小王庄村附近430hm^{2}麦田有70%～80%出现倒伏现象，严重程度2～5级，以大面积的倾斜、较大面积完全倒伏为主。其中，2～4级即大面积倾斜和较大面积倒伏约占50%，5级严重倒伏占25%～30%（附图2-13）。

京珠高速两侧位于黄河滩区的蒋庄乡是本次调查中发现的倒伏最严重的地方，杜屋、牛刘尧、陡门乡的新庄等村庄附近小麦近90%发生严重倒伏，其中5级即严重倒伏面积可达80%以上（附图2-14）。

原阳县小麦倒伏最严重的地区是与新乡县交界的地方以及蒋庄乡所属村庄。整体倒伏程度与武陟县、获嘉县相当。倒伏类型：福宁集乡以茎倒伏为主，葛埠口乡及蒋庄乡以根倒伏为主。

2.2.8　新乡县

新乡县也是受本次风雨灾害影响较大的地区之一，我们分别沿G107国道、S225省道对新乡县小麦的倒伏情况进行了调查。郎公庙镇的崔庄村、毛庄村、东西马头王村、东西荆楼村、北固军村周边均发生严重的小麦倒伏。东西荆楼村、北固军村附近约1350hm^{2}连片种植的麦田发生了较严重的倒伏现象，表现为大面积倾斜（3级）、大面积连片倒伏（4级）或连片完全倒伏（5级）（附图2-15）。毛庄村高铁线路两侧小麦以大面积倾斜至大面积连片倒伏为主；东西马头王村、东西荆楼村、北固军村周边以大面积倒伏至连片完全倒伏为主，倒伏面积占麦田总面积的70%以上，其中大面积连片倒伏或连片完全倒伏可达50%～60%，沿G107国道、S225省道向南或向北倒伏程度减小。

新乡县小麦总体倒伏严重程度比温县稍重，但比武陟县和获嘉县稍轻。倒伏的主要类型是根倒伏。

2.2.9　延津县

延津县也发生了较严重的倒伏现象，分别对延津县城西北方向的小谭乡和东北方向的魏邱乡、王楼乡小麦倒伏的情况进行了调查。S310以北，小谭乡的小吴村、李庄村、寨子村附近约400hm^{2}小麦有较严重倒伏现象（附图2-16）。小麦多为条、块状倒伏，仅有少量较大面积连片倒伏，倒伏严重程度一般以中度3级为主。延津县城以东S308南北两侧，魏邱乡的尚柳洼村、王楼乡的草店村等村庄附近1350hm^{2}以上的麦田发生严重倒伏现象（附图2-17），小麦向西南方向发生倒伏，以条状倒伏或较大面积连片倒伏为主，倒伏严重程度3～4级，倒伏面积占总面积40%以上，倒伏严重程度重于小谭乡。

延津县小麦总体倒伏严重程度比温县、新乡县稍轻。

2.2.10　封丘县

沿 S227 从延津县向东南方向行驶进入封丘县，沿途麦田有少量倒伏现象。应举镇孙马台村近 100hm^2 麦田有轻微倒伏现象，倒伏严重程度一般在 3 级以下，即点片状、状倒伏，局部、个别地块有较大面积的倒伏现象（附图 2-18）；赵岗镇东白庄村、冯村乡潘固村附近麦田也有少量的倒伏现象，程度与孙马台村相近（附图 2-19）。

2.2.11　长垣县

从新乡市出发沿 S308 经延津县向东行驶至长垣县然后转至 S213、S311、S327 经封丘县、延津县返回新乡市。在长垣县重点对常村镇的大后村、刘唐庄村，蒲西街道的宋庄村、张庄村附近麦田的倒伏情况进行了观察，两个地点的麦田基本未见明显的倒伏（附图 2-20）。境内公路两侧仅有少量的麦田有倒伏现象，多以点状、片状小面积倒伏为主。

2.3　小麦倒伏成因分析

综合比较分析郑州、焦作、新乡三地 11 个调查县（市）24 个地点小麦倒伏严重程度及受灾面积，总体倒伏严重程度依次为武陟县＞获嘉县＞原阳县＞温县＞辉县市＞新乡县＞延津县＞巩义市＞卫辉市＞封丘县＞长垣县，可以大致分为没有倒伏或有轻微倒伏、中度倒伏、较重倒伏和严重倒伏 4 个等级。11 个调查县（市）24 个地点小麦倒伏类型、倒伏程度及其与风速、降雨气象的关系如表 2-1 所示。

2017 年 5 月 22 日至 23 日 11 县（市）的风雨变化进程，如图 2-1 所示。为便于分析比较，表 2-1 和图 2-1 中的数据按倒伏严重程度排列。

2.3.1　小麦没有倒伏或发生轻微倒伏

22 日 19:00～24:00，长垣县小时极大风速平均达到 12.3m/s，最大值 13.5m/s；小时降雨量平均 0.47mm，最大 0.70mm，总降雨量 2.8mm，此次调查在长垣县仅见少量点状、片状倒伏，提示 6 级及以下极大风速不会引起小麦大面积严重倒伏。

22 日 19:00 至 23 日 2:00，封丘县小时极大风速平均达到 13.6m/s，21:00 达最大值，为 17.9m/s；刮风期间小时降雨量最大 2.1mm，平均 1.09mm，日降雨量 7.6mm，且降雨出现在大风之后（22:00 至次日 4:00），基本属于大风型小麦倒伏。少量麦田有轻微倒伏现象，多以点状、片状倒伏为主，局部、个别地块有较大面积的倒伏现象，倒伏严重程度 2 级以下。

表 2-1 小麦倒伏类型、倒伏程度以及与风速、降雨气象的关系

编号	观测地点	倒伏级别	倒伏类型	日降雨量/mm	风速/（m/s）		备注
					最大风速	极大风速	
1	长垣县蒲西街道西宋庄村、张庄村 S308 以北	10%以下麦田发生点状倒伏，0 级	茎倒伏	2.8	5.8	13.5	22 日 19:00～24:00，平均小时极大风速达到 12.3m/s，最大为 13.5m/s；小时降雨量平均为 0.47mm，最大为 0.70mm，总降雨量为 2.8mm
2	封丘县应举镇孙马台村 S227 东北	20%以下麦田发生点状、条状倒伏，1 级	茎倒伏	7.6	8.6	17.9	22 日 19:00 至 23 日 2:00，平均小时极大风速达到 13.6m/s，21:00 达到最大值，为 17.9m/s；刮风期间，小时降雨量最大为 2.1mm，平均为 1.09mm，日降雨量为 7.6mm
3	封丘县赵岗镇东白庄村、冯村乡潘固村 S311 两侧	20%以下麦田发生点状、条状倒伏，1 级	茎倒伏	7.6	8.6	17.9	22 日 19:00 至 23 日 2:00，平均小时极大风速达到 13.6m/s，21:00 达到最大值，为 17.9m/s；刮风期间，小时降雨量最大为 2.1mm，平均为 1.09mm，日降雨量为 7.6mm
4	卫辉市唐庄镇仁里屯村、西田庄村 G107 南	30%以上麦田发生点状、片状倒伏，2 级	茎倒伏	15.0	7.7	17.8	22 日 20:00 至 23 日 2:00，平均小时极大风速达到 14.0m/s，最大达到 17.8m/s；小时降雨量平均为 2.2mm，最大为 5.9mm，日降雨量为 15.0mm
5	巩义市河洛镇古桥村沿黄快速通道南	20%以上麦田发生点状、片状倒伏，2 级	根倒伏	81.1	6.1	12.5	22 日 19:00～23:00，小时极大风速为 6.0～12.5m/s，平均小时降雨量为 14.2mm，总降雨量为 74.1mm；极大风速 12.5m/s 及最大小时降雨量 32.0mm 出现在 21:00
6	巩义市河洛镇神北村 S237 东	30%麦田发生大面积连片倒伏，3～4 级	根倒伏	81.1	6.1	12.5	22 日 19:00～23:00，平均小时极大风速为 16.6m/s，最大为 18.4m/s；小时降雨量平均为 1.5mm，最大为 4.3mm，日降雨量为 10.3mm
7	延津县魏邱乡尚柳洼村、王楼乡草店村 S308 南	50%以上麦田发生点状、条状倒伏，3 级	茎倒伏	10.3*	10.0	18.4	22 日 19:00～23:00，平均小时极大风速为 16.6m/s，最大为 18.4m/s；小时降雨量平均为 1.5mm，最大为 4.3mm，日降雨量为 10.3mm
8	延津县小谭乡小吴村、李庄村 S310 北	50%以上麦田发生点状、条状倒伏，2 级	茎倒伏	10.3*	10.0	18.4	22 日 19:00～23:00，平均小时极大风速为 16.6m/s，最大为 18.4m/s；小时降雨量平均为 1.5mm，最大为 4.3mm，日降雨量为 10.3mm

续表

编号	观测地点	倒伏级别	倒伏类型	日降雨量/mm	风速/（m/s）		备注
					最大风速	极大风速	
9	辉县市北云门镇圪垱村、郭屯村、姬家寨村	30%以上麦田发生点状、片状倒伏，4 级	根倒伏	53.1	10.5	17.3	22 日 19:00～23:00，小时极大风速为 6.3～17.3m/s，平均小时降雨量为 10.4mm，日降雨量为 53.1mm；极大风速和最大小时降雨量出现在 20:00，分别为 17.3m/s 和 25.6mm
10	辉县市赵固乡小岗村、南小庄村	30%以上麦田发生点状、片状倒伏，3 级	根倒伏	42.0	10.5	17.3	22 日 19:00～23:00，小时极大风速为 6.3～17.3m/s，平均小时降雨量为 10.4mm，日降雨量为 53.1mm；极大风速和最大小时降雨量出现在 20:00，分别为 17.3m/s 和 25.6mm
11	温县岳村街道西关白庄村、祥云镇小郑庄村 X008 西	60%以上小麦发生大面积连片倒伏，5 级	根倒伏	92.3*	5.9	9.7	22 日 18:00～19:00，平均小时极大风速为 9.4m/s，19:00 极大风速为 9.7m/s；平均小时降雨量达到 23.9mm，日降雨量为 61.1mm
12	温县张羌街道常店村 S309 北	60%以上小麦发生大面积连片倒伏，5 级	根倒伏	66.7*	5.9	9.7	22 日 18:00～19:00，平均小时极大风速为 9.4m/s，19:00 极大风速为 9.7m/s；平均小时降雨量达到 23.9mm，日降雨量为 61.1mm
13	温县赵堡镇南保丰村 S309 东南	60%以上小麦发生大面积连片倒伏，5 级	根倒伏	76.5*	5.9	9.7	22 日 18:00～19:00，平均小时极大风速为 9.4m/s，19:00 极大风速为 9.7m/s；平均小时降雨量达到 23.9mm，日降雨量为 61.1mm
14	新乡县朗公庙镇东马头王村	70%以上小麦发生大面积连片倒伏，5 级	根倒伏	25.6*	9.4	16.6	22 日 18:00 至 23 日 4:00，小时极大风速为 8.9～16.6m/s，小时降雨量为 0.0～7.8mm，日降雨量为 19.8mm；降雨期间，小时极大风速为 12.8～16.6m/s
15	新乡县朗公庙镇张庄村、崔庄村	70%以上小麦发生大面积连片倒伏，5 级	根倒伏	19.8*	9.4	16.6	22 日 18:00 至 23 日 4:00，小时极大风速为 8.9～16.6m/s，小时降雨量为 0.0～7.8mm，日降雨量为 19.8mm；降雨期间，小时极大风速为 12.8～16.6m/s
16	武陟县大虹桥乡温村等	80%以上小麦发生大面积连片倒伏，5 级	根倒伏	85.1*	11.1	17.5	22 日 19:00 至 23 日 00:00，平均小时极大风速为 13.5m/s，极大风速为 17.5m/s；平均小时降雨量为 11.2mm，最大小时降雨量为 35.3mm，总降雨量达到 66.9mm；极大风速 17.5m/s 和最大小时降雨 35.3mm 出现在 20:00

续表

编号	观测地点	倒伏级别	倒伏类型	日降雨量/mm	风速/（m/s）		备注
					最大风速	极大风速	
17	武陟县大封镇大司马村 X021 两侧	80% 以上小麦发生大面积连片倒伏，5 级	根倒伏	69.9*	11.1	17.5	22 日 19:00 至 23 日 00:00，平均小时极大风速为 13.5m/s，极大风速为 17.5m/s；平均小时降雨量为 11.2mm，最大小时降雨量为 35.3mm，总降雨量达到 66.9mm；极大风速 17.5m/s 和最大小时降雨量 35.3mm 出现在 20:00
18	获嘉县照镜镇西彰仪村、巨柏村等 S230 东	70% 以上小麦发生大面积连片倒伏，5 级	根倒伏	36.0	9.6	16.9	22 日 19:00～23:00，平均小时极大风速为 11.9m/s，极大风速为 16.9m/s；平均小时降雨量为 5.3mm，最大小时降雨量为 7.7mm，总降雨量达到 26.6mm
19	获嘉县照镜镇樊庄村、小杨庄村 S230 东	80% 以上小麦发生大面积连片倒伏，5 级	根倒伏	36.0	9.6	16.9	22 日 19:00～23:00，平均小时极大风速为 11.9m/s，极大风速为 16.9m/s；平均小时降雨量为 5.3mm，最大小时降雨量为 7.7mm，总降雨量达到 26.6mm
20	原阳县福宁集乡东拐铺村、刘庵村	30% 以上小麦发生倾斜或点状、条状倒伏，3 级	根倒伏	19.0*	12.1	23.2	22 日 19:00 至 23 日 5:00，平均小时极大风速为 14.9m/s，极大风速为 23.2m/s；平均小时降雨量为 1.4mm，最大小时降雨量为 4.9mm，总降雨量达到 15.9mm
21	原阳县葛埠口乡小王庄村 S229 东	40% 以上小麦大面积倾斜或点状、条状倒伏，4 级	根倒伏	23.7*	12.1	23.2	22 日 19:00 至 23 日 5:00，平均小时极大风速为 14.9m/s，极大风速为 23.2m/s；平均小时降雨量为 1.4mm，最大小时降雨量为 4.9mm，降雨总量达到 15.9mm
22	原阳县蒋庄乡杜屋村	80% 以上小麦发生大面积连片倒伏，5 级	根倒伏	28.2*	12.1	23.2	22 日 19:00 至 23 日 5:00，平均小时极大风速为 14.9m/s，极大风速为 23.2m/s；平均小时降雨量为 1.4mm，最大小时降雨量为 4.9mm，总降雨量达到 15.9mm

注：（1）表中极大风速是指倒伏发生当天（20:00 至翌日 20:00）距地面 10m 处 3s 平均风速的最大值；（2）最大风速是指倒伏当天距地面 10m 处 10min 平均风速的最大值；（3）小时极大风速是每小时内出现的最大瞬时风速；（4）平均小时极大风速是指考察时间段内极大风速的平均值；（5）每个考察地点的风速有所不同，但由于气象信息获取方面的限制，同一个县（市）不同地点采用的气象信息相同；（6）* 表示该降雨量数据从河南雨量简明查询系统获取

2.3.2　小麦发生中度倒伏

卫辉市有部分麦田发生倒伏，倒伏以点状、片状倒伏或小面积连片倒伏为主。22 日 20:00 至 23 日 2:00，小时极大风速平均达到 14.0m/s，最大值 17.8m/s；小时降雨量平均 2.2mm，最大 5.9mm，日降雨量 15.0mm；由于降雨出现在大风

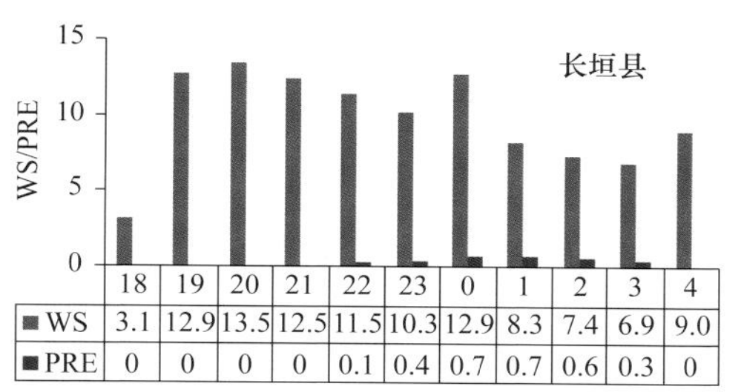

	18	19	20	21	22	23	0	1	2	3	4
WS	3.1	12.9	13.5	12.5	11.5	10.3	12.9	8.3	7.4	6.9	9.0
PRE	0	0	0	0	0.1	0.4	0.7	0.7	0.6	0.3	0

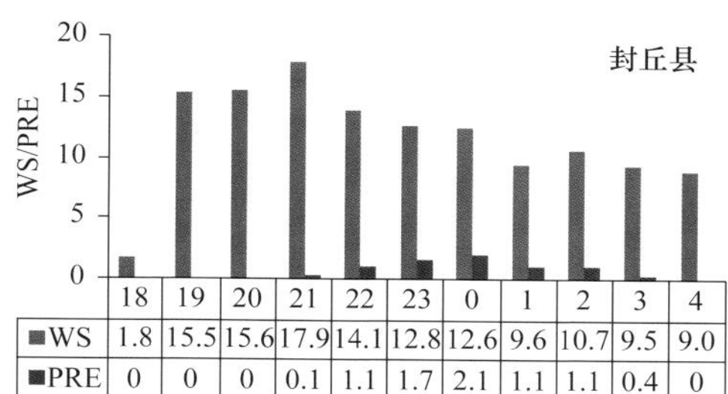

	18	19	20	21	22	23	0	1	2	3	4
WS	1.8	15.5	15.6	17.9	14.1	12.8	12.6	9.6	10.7	9.5	9.0
PRE	0	0	0	0.1	1.1	1.7	2.1	1.1	1.1	0.4	0

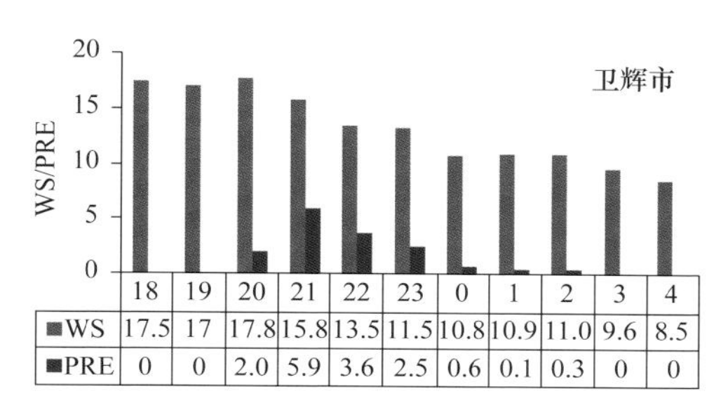

	18	19	20	21	22	23	0	1	2	3	4
WS	17.5	17	17.8	15.8	13.5	11.5	10.8	10.9	11.0	9.6	8.5
PRE	0	0	2.0	5.9	3.6	2.5	0.6	0.1	0.3	0	0

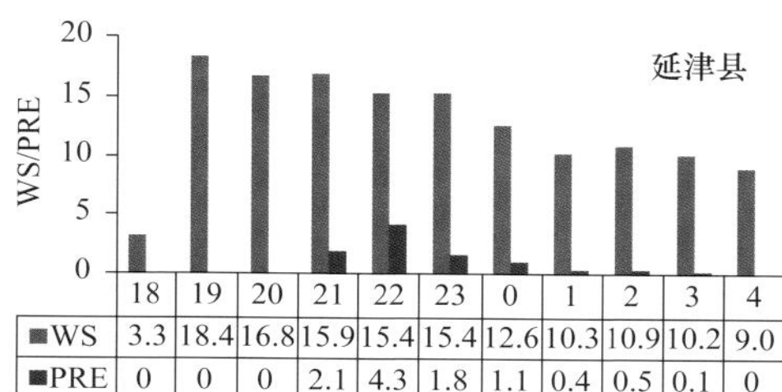

	18	19	20	21	22	23	0	1	2	3	4
WS	3.3	18.4	16.8	15.9	15.4	15.4	12.6	10.3	10.9	10.2	9.0
PRE	0	0	0	2.1	4.3	1.8	1.1	0.4	0.5	0.1	0

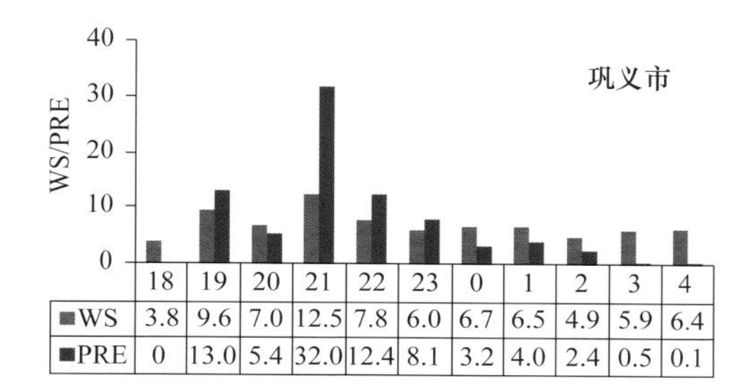

	18	19	20	21	22	23	0	1	2	3	4
WS	3.8	9.6	7.0	12.5	7.8	6.0	6.7	6.5	4.9	5.9	6.4
PRE	0	13.0	5.4	32.0	12.4	8.1	3.2	4.0	2.4	0.5	0.1

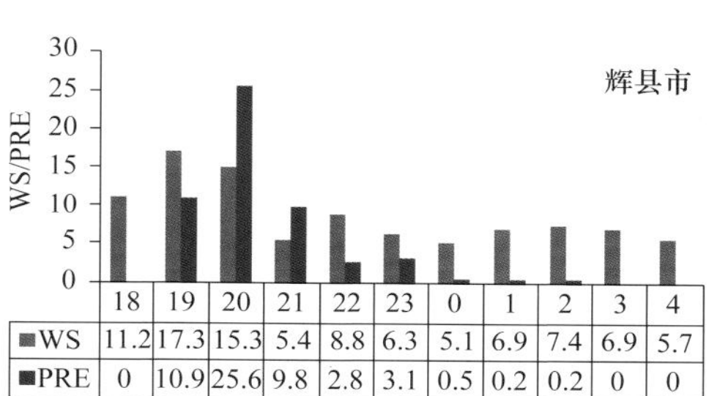

	18	19	20	21	22	23	0	1	2	3	4
WS	11.2	17.3	15.3	5.4	8.8	6.3	5.1	6.9	7.4	6.9	5.7
PRE	0	10.9	25.6	9.8	2.8	3.1	0.5	0.2	0.2	0	0

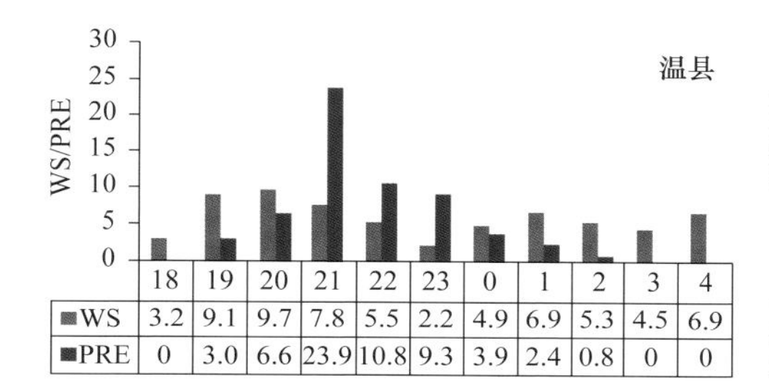

	18	19	20	21	22	23	0	1	2	3	4
WS	3.2	9.1	9.7	7.8	5.5	2.2	4.9	6.9	5.3	4.5	6.9
PRE	0	3.0	6.6	23.9	10.8	9.3	3.9	2.4	0.8	0	0

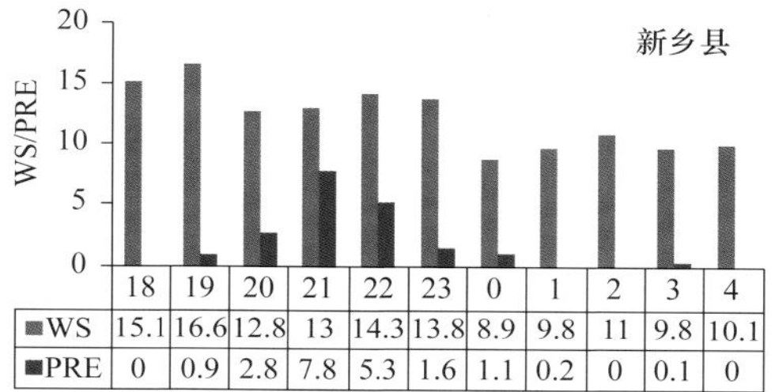

	18	19	20	21	22	23	0	1	2	3	4
WS	15.1	16.6	12.8	13	14.3	13.8	8.9	9.8	11	9.8	10.1
PRE	0	0.9	2.8	7.8	5.3	1.6	1.1	0.2	0	0.1	0

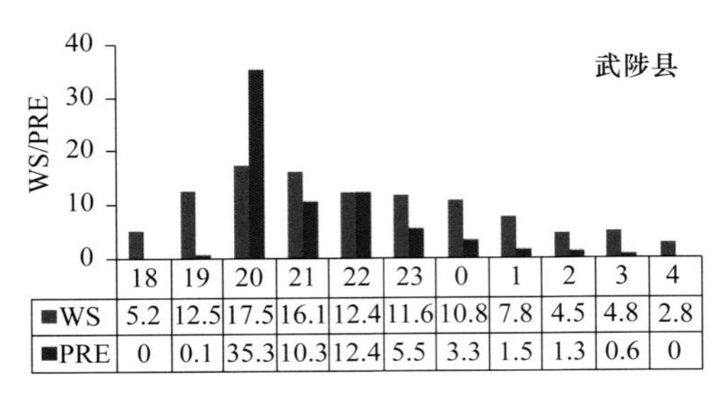

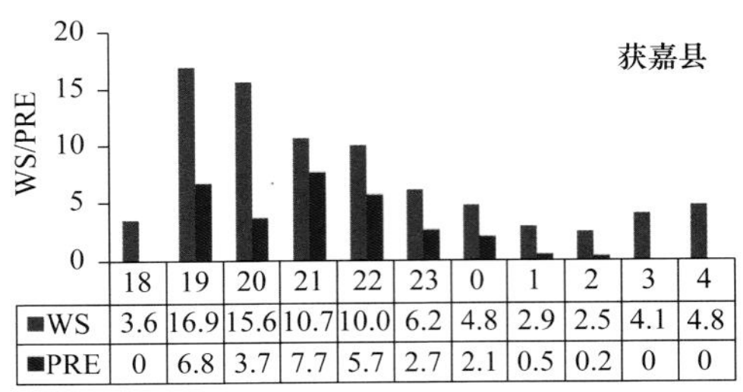

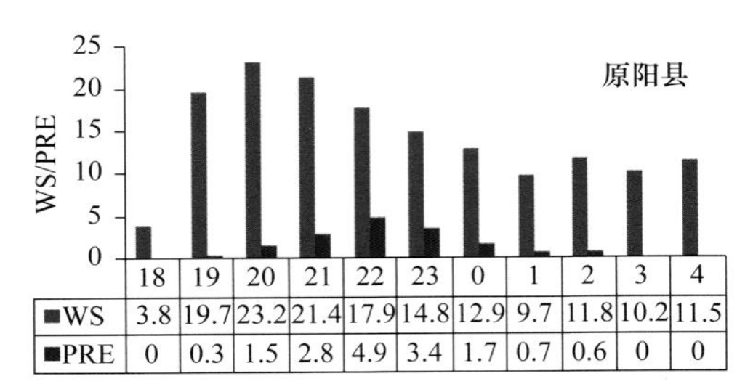

图 2-1 2017 年 5 月 22～23 日 11 县（市）风雨变化进程

横坐标——时间（如 18 表示 18:00）；WS——整点极大风速（m/s）；
PRE——整点降雨量（mm）；WS/PRE——整点极大风速（m/s）及降雨量（mm）

之后（18:00～20:00），在此期间的极大风速为 13.6m/s，倒伏属于大风型小麦倒伏或大风大雨型。倒伏严重程度最高可为 3 级。

2.3.3 小麦发生较重倒伏

22 日 19:00～23:00，延津县平均小时极大风速为 16.6m/s，最大值 18.4m/s；小时降雨量平均 1.5mm，最大 4.3mm，日降雨量 10.3mm。延津县 3 个调查点间小麦倒伏严重程度差异较大。魏邱乡尚柳洼村、王楼乡草店村小麦倒伏严重程度明显重于小谭乡，以较大面积的点状、条状倒伏或连片倒伏为主。由于最大风速出现在降雨之前，并且小麦呈现出向南有规律的大面积倒伏，提示延津县小麦倒伏以大风作用为主；在伴随小到中雨时，8 级阵风可以引起大面积严重倒伏。倒伏严重程度一般可达 3～4 级。

22 日 19:00～23:00，巩义市小时极大风速为 6.0～12.5m/s，小时平均降雨量为 14.2mm，总降雨量 74.1mm；小时极大风速 12.5m/s 及小时降雨量 32.0mm 出现在 21:00，属于典型的大风大雨型。巩义市北部部分麦田发生倒伏，多数倒伏程度在 3～4 级，4 级以上大面积连片倒伏较少。

2.3.4 小麦发生严重倒伏

22 日 19:00～23:00，辉县市小时极大风速为 6.3～17.3m/s，平均达 10.6m/s；小时降雨量为 3.1～25.6mm，平均 10.4mm，日降雨量 53.1mm。小时极大风速

和最大小时降雨量出现在 20:00，分别为 17.3m/s 和 25.6mm，属于大风大雨型倒伏。倒伏严重程度最高可达 5 级。

22 日 18:00 至 23 日 4:00，新乡县小时极大风速为 8.9～16.6m/s，平均达 12.3m/s；小时降雨量 0.0～7.8mm，平均 1.8mm，日降雨量 19.8mm（东马头王村降雨量 25.6mm）。降雨期间，小时极大风速 12.8～16.6m/s，大风持续时间长，且在降雨之后还有 8.9～11.0m/s，属于大风大雨型倒伏。倒伏严重程度最高可达 5 级。

22 日 18:00～19:00，温县平均小时极大风速为 9.4m/s，19:00 极大风速达到 9.7m/s；小时降雨量平均达到 23.9mm，日降雨量 61.1mm。在降雨的同时还伴随有较大的风速，属于大风大雨型倒伏或持续降雨型倒伏。倒伏严重程度最高可达 5 级。

22 日 19:00 至 23 日 00:00，武陟县小时极大风速平均达 13.5m/s，最大值 17.5m/s，小时降雨量平均达 11.2mm，最大 35.3mm，总降雨量达到 66.9mm（暴雨 50～100mm）。小时极大风速 17.5m/s 和最大小时降雨量 35.3mm 出现在 22 日 20:00。倒伏类型属于典型的大风大雨型。倒伏严重程度最高可达 5 级。

22 日 19:00～23:00，获嘉县小时极大风速平均达 11.9m/s，最大值 16.9m/s，小时降雨量平均达 5.3mm，最大 7.7mm，总降雨量达到 26.6mm（大雨＞25.0mm）。倒伏属于大风大雨型或持续降雨型倒伏，以根倒伏为主。倒伏严重程度最高可达 5 级。

22 日 19:00 至 23 日 5:00，原阳县小时极大风速平均达 14.9m/s，最大值 23.2m/s；小时降雨量平均达 1.4mm，最大 4.9mm，总降雨量达到 15.9mm。风速大，并伴随有 15.9mm 的降雨（中雨），且降雨之后还有较强的风速，因此原阳县出现严重的小麦倒伏。倒伏以黄河滩区最重，小王庄村附近次之，说明与滩区地面开阔有关，倒伏形式以茎倒伏为主。倒伏严重程度最高可达 5 级。

2.4　结　　论

此次小麦倒伏实地调查研究涉及范围大，样点类型丰富，为详细研究目前小麦实际抗倒伏水平，小麦倒伏与风速、降雨量及其进程关系，以及引发小麦倒伏的风速、降雨量临界极值等提供了第一手现场资料，为 Niu 等（2016）的倒伏调查提供了难得的实地考察案例，两者数据基本一致，且相互佐证，为抗倒伏小麦育种及研究提供了良好的现实依据。本次调查结果如下。

1）目前，大田生产中发生的小麦倒伏主要为“大风大雨型倒伏”和“持续降雨型倒伏”，占实际调查倒伏样本总数的 90.5%；小麦倒伏的主要类型为根倒伏。此结论与 Niu 等（2016）的调查结果一致。大风、降雨同步互作是导致小麦严重倒伏的主要方式，本次调查的获嘉县、武陟县、原阳县、新乡县、温县、辉县市和延津县的倒伏均属于此种类型。

2）风速和降雨对小麦倒伏程度的影响，不仅与极大风速和总降雨量有关，还与二者的进程有关。风前雨后对小麦倒伏影响较小，而风雨同步互作则影响最大。例如，卫辉市与新乡县两个地区降雨量及极大风速相近，分别为15.0mm、19.8mm和17.8m/s、16.6m/s，但由于卫辉市17.4m/s的极大风速出现在降雨之前，尽管也发生了15mm的降雨，但倒伏程度明显较轻，多为点状、条状倒伏或较大面积倒伏（3～4级），而新乡县则多以大面积连片倒伏为主（4～5级）。

3）导致小麦大面积倒伏的气象条件更加明确。单纯17.8～17.9m/s的大风或伴随有10mm以下的降雨条件是生产中应该关注的极值条件。在此之下，不会引起严重的倒伏或仅可以引起点状、条状或较小面积的倒伏。超过此条件则可能引发严重的小麦倒伏。以中等程度倒伏作为小麦倒伏的观测控制点，则此结果与Niu等（2016）调查的结果14.9～19.4m/s相近。

4）在出现中雨、大雨和暴雨条件下，16.6m/s（新乡19.8mm）、12.5m/s（巩义81.1mm）及9.7m/s（温县66.7mm）的极大风速可以引起大面积严重小麦倒伏。

5）小麦品种选择，对于生产中防止大面积倒伏具有极其重要意义。获嘉县二个调查地点即小王庄村、巨柏村与樊庄村、小杨庄等相距仅几千米，气象条件相同，但由于品种不同，倒伏严重程度相差很大。前者发生倒伏面积为70%左右，3级及以上可占50%左右；后者则有90%，且多以大面积连片倒伏或完全倒伏为主，4级以上完全倒伏占70%以上。

6）目前，小麦生产中发生的倒伏类型主要为根倒伏。此结果与赵民强和王平信（2002）、程春峰和姜汝胜（2011）、Niu等（2016）、蒋向和王策（2017）、马焕香等（2017）的调查结果一致，而与之前人们一般认为以茎倒伏为主的看法不同。另外，关于根倒伏发生的时间也与过去有所不同，一般认为根倒伏主要发生在成熟期，实际调查的结果是不同生育时期均可发生，且产量损失大于茎倒伏。因此，抗倒伏小麦育种中除应继续重视提高茎秆强度外，还应该高度重视小麦抗根倒伏能力的评价，即从根系分布特性方面改善，提高降雨条件下小麦抗根倒伏的能力。

参考文献

程春峰, 姜汝胜. 2011. 谯城区小麦倒伏原因分析与抗倒栽培技术探讨. 安徽农学通报, 17 (8): 85-86.

韩妍妍, 宋滢. 2017. 淄博大风降雨致临淄8.2万亩小麦倒伏, 保险赔付启动. http://zibo.iqilu.com/zbyaowen/2017/0523/3555838.shtml [2018-07-10].

湖北省农业技术推广总站, 湖北省农业科学院粮食作物研究所. 2017. 2017年小麦倒伏实地调查简报. http://cs.hbagri.gov.cn/tzcl/snyjstalz/takx/200017297.htm [2018-07-10].

蒋向, 王策. 2017. 浅析2017年河南小麦倒伏原因及防倒补救减损技术措施. 中国农技推广, 33 (8): 8-10.

李花利. 2018. 小麦倒伏原因及预防调控措施浅析. 基层农技推广, (6): 77-78.

马焕香, 武文安, 张昊. 2017. 浅谈大风降雨对滨州小麦生长的影响. 农业与技术, 37 (24): 219-220.

杨凡, 杨本敬, 李俊峰. 2017. 山东降雨大风致小麦倒伏, 各地积极采取补救措施. http://news.ifeng.com/a/20170715/51434935_0.shtml [2018-07-10].
翟夏鹏. 2017. 受灾！山东因大风降雨造成 40 余万亩小麦倒伏. http://news.ifeng.com/a/20170524/51152454_0.shtml [2018-07-10].
赵民强, 王平信. 2002. 宿州市近年来小麦倒伏情况及防止途径. 安徽农学通报, 8 (4): 39-40.
邹凤玲 , 朱燕君 . 2013. 中国地面气象站逐小时观测资料 . http://data.cma.cn/site/index.html [2018-07-10].
Niu L Y, Feng S W, Ding W H, et al. 2016. Influence of speed and rainfall on large-scale wheat lodging from 2007 to 2014 in China. PLoS ONE, 11 (7): e0157677.

第二篇

植物内部自身因素与小麦抗倒伏性的关系

第3章　小麦茎秆形态特性与抗倒伏性的关系

植株的形态与小麦的抗倒伏性尤其是抗茎倒伏能力有着密切的关系。一般认为株高是影响小麦倒伏最重要的因素（Kelbert et al.，2004），株高与抗倒伏性呈负相关关系，通过降低重心高度可以提高植株的抗倒伏能力（Crook and Ennos，1994；朱新开等，2006；Navabi et al.，2006），但并不是植株越矮抗倒伏性越强。Tripathi 等（2005）和闵东红等（2001）研究发现株高与抗倒伏性相关不显著，部分高秆品种的抗倒伏性超过了矮秆品种。小麦茎秆基部节间长度与抗倒伏性密切相关，茎秆基部节间长度与抗倒指数或茎秆抗折力呈极显著负相关（姚瑞亮和朱文祥，1998；董琦等，2003；李金才等，2005；魏凤珍等，2008）。基部三个节间长度对抗倒伏性的影响大小为第二节间＞第一节间＞第三节间（董琦等，2003；李金才等，2005）。小麦茎粗与抗倒伏性的关系，不同研究者之间存在分歧。肖世和等（2002）和李金才等（2005）认为基部节间粗度或直径与茎秆抗折力呈极显著正相关关系，但也有人认为茎秆基部节间直径与茎秆倒伏指数关系不密切（董琦等,2003；姚金保等,2011）。关于基部茎秆的厚度对抗倒伏性的影响，董琦等（2003）和魏凤珍等（2008）认为小麦茎秆的抗倒伏能力与其基部节间壁厚呈极显著正相关。抗倒伏品种基部节间壁厚显著大于易倒伏品种（Tripathi et al.，2003），基部节间粗度和秆壁厚度是抗倒伏品种选育中应该重点关注的指标（Zuber et al.，2001；Tripathi et al.，2003）。此外，基部节间的干物质重与小麦茎秆抗倒伏性密切相关。为进一步摸清小麦茎秆形态特征对抗倒伏性的影响，我们利用目前生产中使用较多的‘周麦18号’‘百农矮抗58’（以下简称‘矮抗58’）等6个小麦品种为材料研究分析其茎秆形态特征与自身抗倒伏性能的关系，以期为小麦抗倒伏育种提供有效的筛选指标，为小麦高产稳产栽培提供理论依据。

3.1　材料与方法

3.1.1　试验材料

选用生产中大面积推广的小麦品种‘周麦18号’‘矮抗58’‘温麦6号’‘周麦22号’‘郑麦9023’和‘豫麦18号’共6个品种为试验材料，供试材料由河南科技学院小麦育种中心（简称河南科技学院小麦中心，下同）提供。

3.1.2 试验设计

试验在河南省新乡县郎公庙镇河南科技学院小麦育种基地进行，试验田土质为中壤，肥力中等。供试材料于2010年10月5日播种，随机区组设计，3次重复，小区面积8.28m^2，14行区。返青期结合灌水追施尿素225kg/hm^2，其他管理同一般大田生产。茎秆取样时期在籽粒灌浆的中后期（5月20日）。

3.1.3 测定项目及方法

3.1.3.1 茎秆倒伏性状的测定

籽粒灌浆的中后期，每处理随机取20个单茎，测定小麦茎秆株高、重心高度、次生根数量、穗干重、茎秆基部第二节特性等与茎秆倒伏有关的性状。

地上部单茎鲜重为带穗、叶及叶鞘的单茎地上部的鲜重（FW）。茎秆重心高度（H）为茎秆基部到该茎平衡点的距离。茎秆机械强度使用茎秆抗折力（S）表示，可采用拉力法测定，即取茎秆基部第二节，去叶鞘，将两端放置于高50cm、间隔5cm的支架的凹槽内，在其中部挂一个弹簧秤，向下缓慢用力拉直至折断，使茎秆折断所用之力加上弹簧秤的重量即为该茎的抗折力（机械强度）。节间长度和直径分别使用直尺和游标卡尺测定。茎秆壁厚（WT）取每个处理10个单茎的平均值。单株次生根数（RN）利用不间断取样法测定，取小麦植株10株，冲净根部泥土，数取单株次生根条数。第二节干重（DW），剪取茎秆第二节烘干称其干重，求平均值。

3.1.3.2 品种倒伏指数的计算

参考王勇等（1997）提出的品种倒伏指数来衡量供试材料抗倒伏性的相对强弱。品种倒伏指数越小，表示该品种的抗倒伏能力越强，反之越容易倒伏。

$$品种倒伏指数=茎秆鲜重（FW）\times 茎秆重心高度（H）/基部第二节抗折力（S） \tag{3-1}$$

3.1.4 数据处理

试验结果以平均值表示，采用DPS 7.05和Excel 2003进行有关数据的整理、分析。

3.2 结果与分析

3.2.1 不同品种的茎秆基部第二节性状

6个品种第二节相关性状如表3-1所示。

表 3-1　不同品种茎秆基部第二节特性

品种	抗折力 /g	壁厚 /cm	直径 /cm	节长 /cm	干重 /g
周麦 18 号	850a	0.069a	0.378c	6.297ab	0.149b
矮抗 58	855a	0.068a	0.436b	6.030b	0.176a
温麦 6 号	485d	0.059a	0.462a	6.940a	0.144b
周麦 22 号	695b	0.067a	0.382c	6.297ab	0.151b
郑麦 9023	485d	0.060a	0.346d	6.970a	0.113b
豫麦 18 号	560c	0.048b	0.378c	6.150b	0.092d

注：同列不同小写字母表示在 0.05 水平差异显著

从表 3-1 中数据可以看出，小麦品种‘矮抗 58’与‘周麦 18 号’两品种的第二节抗折力没有显著差异，分别为 855g 和 850g，均显著高于其他品种。壁厚品种间变化不大，‘豫麦 18 号’的秆壁较薄，仅为 0.048cm，显著低于其他 5 个品种。第二节直径，‘温麦 6 号’较粗，达到 0.462cm，其次为‘矮抗 58’。第二节长度，‘矮抗 58’较短，‘郑麦 9023’较长。整体来看，‘矮抗 58’第二节短粗、秆壁较厚，因此第二节的干重较高、抗折力较大。说明小麦茎秆基部节间性状受小麦基因型的影响较大。

3.2.2　影响茎秆抗倒伏性的有关性状

不同小麦品种的株高之间有很大差异（表 3-2）。

表 3-2　不同品种主要茎秆性状及倒伏指数

品种	株高 /cm	重心高度 /cm	地上部鲜重 /g	次生根数 / 条	倒伏指数
周麦 18 号	73.53b	40.49c	10.51b	24.73a	0.50d
矮抗 58	64.88c	37.53d	9.85bc	24.27a	0.43d
温麦 6 号	75.05b	41.98bc	9.31c	18.33b	0.81b
周麦 22 号	73.43b	42.65bc	9.90bc	24.80a	0.61c
郑麦 9023	82.46a	47.19a	8.50d	18.50b	0.83b
豫麦 18 号	74.88b	44.05b	11.29a	20.37b	0.89a

注：同列不同小写字母表示在 0.05 水平差异显著

‘矮抗 58’的株高最低，仅为 64.88cm，显著低于其他品种的株高。随着株高的降低，茎秆重心高度也随之下降。单茎地上部鲜重，‘豫麦 18 号’最大，‘郑麦 9023’最小。地下部次生根数，‘周麦 22 号’‘周麦 18 号’‘矮抗 58’之间差异不显著，但与其他 3 个品种的差异均达到了显著水平。从倒伏指数看，品种间差异较大，‘矮抗 58’最小为 0.43，与‘周麦 18 号’的 0.50 之间没有显著差异，但显著低于其他品种；倒伏指数较大的‘豫麦 18 号’与其他品种的倒伏指数差异达到了显著水平。由此说明，小麦株高、重心高度、地上部鲜重及单株次生根数与小麦基因型有关，不同基因型品种间各性状差异较大。

3.2.3 影响茎秆抗倒伏性性状间的相关性

茎秆及第二节性状与茎秆抗倒伏能力间有着密切的联系，不仅如此，彼此间还存在复杂的相关关系，如表 3-3 所示。

表 3-3 不同品种茎秆及基部第二节性状的相关分析

性状	抗折力	壁厚	直径	节长	干重	株高	重心高度	次生根数	地上部鲜重
壁厚	0.724								
直径	0.079	0.116							
节长	−0.758	−0.165	−0.002						
干重	0.687	0.871*	0.563	−0.252					
株高	−0.759	−0.417	−0.594	0.759	−0.714				
重心高度	−0.801	−0.559	−0.654	0.617	−0.815*	0.948**			
次生根数	0.926**	0.702	−0.051	−0.779	0.618	−0.668	−0.66		
地上部鲜重	0.384	−0.284	−0.031	−0.773	−0.198	−0.413	−0.326	0.424	
倒伏指数	−0.948**	−0.884*	−0.206	0.568	−0.867*	0.743	0.817*	−0.871*	−0.098

* 表示 $P<0.05$，** 表示 $P<0.01$；抗折力、壁厚、直径、节长和干重为试验测定的基部第二节相关指标

倒伏指数与第二节抗折力呈极显著负相关关系，相关系数为−0.948**，说明第二节的抗折力是影响小麦抗倒伏能力的关键因素；与第二节间的壁厚、干重及地下部次生根数呈显著负相关，相关系数分别为−0.884*、−0.867* 和−0.871*，表明第二节抗折力越大、第二节茎壁越厚、干重越大，地下部次生根越多，倒伏指数就越小，茎秆抗倒伏能力就越强。倒伏指数与重心高度呈显著正相关，而重心高度又与株高关系密切（r=0.948**）。因此，选育抗倒性的品种，在降低株高的同时，应着重增强基部第二节的抗折力和干重。植株地下部次生根数与第二节抗折力存在着极显著的正相关关系（r=0.926**），说明单株次生根数越多，茎秆抗折力越大。由此说明，植株茎秆抗倒伏能力不但与地上部茎秆有较大关系，而且与地下部根系关系密切。因此，适当降低株高可相应降低植株的重心高度，从而增强植株抗倒伏能力。

3.2.4 影响茎秆抗倒伏性性状间关系的通径分析

由于影响茎秆抗倒伏性的因素较多，特对与茎秆抗倒伏能力有关的所有性状进行逐步回归分析，得出影响茎秆倒伏指数的关键因素为第二节抗折力（x_S）、

第二节干重（x_{DW}）、地下部次生根数（x_{RN}）及地上部鲜重（x_{FW}），其偏回归系数均小于0.01，建立的最优线性回归方程为

$$y=1.204\,36-0.000\,86x_S-1.608\,97x_{DW}-0.004\,35x_{RN}+0.035\,50x_{FW} \quad (3\text{-}2)$$

回归方程的相关系数 r 和决定系数 R^2 均大于0.99，说明此方程能较为全面地反映影响茎秆倒伏指数的因素。从表3-4可以看出，第二节抗折力对茎秆倒伏指数的直接作用最大，其直接通径系数为−0.775，第二节干重次之，地上部鲜重与地下部次生根数的作用较小。通过分析各个间接因素可知，第二节抗折力与地下部次生根数通过第二节干重对茎秆倒伏指数产生的间接作用较大，其间接通径系数分别为−0.175和−0.157，说明可通过增加第二节干重和地下部次生根数来增强第二节抗折力，从而提高植株的抗倒能力。剩余通径系数Pe=0.002，说明其他因素对茎秆抗倒伏性的影响较小。

表3-4　抗倒伏性状与茎秆倒伏指数的通径分析

抗倒伏性状	直接通径系数	间接通径系数			
		抗折力	干重	次生根数	地上部鲜重
抗折力	−0.775		−0.175	−0.066	0.069
干重	−0.254	−0.533		−0.044	−0.036
次生根数	−0.072	−0.718	−0.157		0.076
地上部鲜重	0.180	−0.297	0.050	−0.030	

小麦倒伏多发生在小麦生长发育的中后期，影响小麦抗倒伏性的内在植物学特性很多，归结起来大致可分为地上部因素和地下部因素两种。地上部主要与茎秆基部茎节的特征及重量关系密切，多用茎秆倒伏指数评价小麦茎秆的抗倒伏性能（李金才等，2005；刘丽平和欧阳竹，2011）。倒伏指数与株高、基部茎节直径和茎节重量等特征密切相关（茹振钢等，2007；陈晓光，2011；Yao et al.，2017）。本研究结果与通径分析均证明，第二节抗折力对茎秆倒伏指数的直接作用最大。第二节抗折力大、短粗与秆壁较厚、次生根数量较多、株高和重心高度较低的品种抗倒伏性较强。该结果与李金才等（2005）、茹振钢等（2007）及陈晓光（2011）的研究结果一致。'矮抗58'茎秆具备上述抗倒伏特性，表现出较强的抗倒伏性，与其他品种有较大差异。

茎秆的性状与倒伏指数相关分析结果表明，倒伏指数与第二节特性关系密切。第二节抗折力越大、秆壁越厚、干重越大和地下部次生根数越多，倒伏指数就越小，茎秆抗倒伏性就越强。为了找出影响茎秆倒伏指数的关键因素及各因素对茎秆倒伏指数的影响大小，对各性状进行了逐步回归分析。结果表明，影响茎秆抗倒伏性的直接因子为茎秆基部第二节抗折力、第二节干重、地上部鲜重及地下部次生根数，其中第二节抗折力对茎秆倒伏指数的直接作用最大，其通径系数

为−0.775。小麦地下部次生根数与倒伏指数呈显著负相关，这充分说明了地上部与地下部的关系较为密切，地下部根量大，吸收较多的养分供应地上部生长，致使地上部发育良好，组织坚实，抗倒伏性较强。该结果与蒲定福等（2000）、王莹和杜建林（2002）认为地下部根系的直接作用最大的结果不一致，具体原因有待进一步研究。本试验所用茎秆形态特征为小麦生长发育中后期的特征，此期为籽粒灌浆后期，茎秆干物质向籽粒转运，穗部重量迅速增加，致使茎秆重心高度上移，抗倒伏性逐渐降低；同时随着干物质的转运，茎秆干重下降，两者均是小麦生长中后期易发生倒伏的重要原因。茎秆质量好的品种后期抗倒伏性较强，第二节抗折力较大的'矮抗 58'，其第二节的干重较大，秆壁较厚。

在通径分析中，茎秆第二节的长度对茎秆的抗倒伏性能无显著影响，这与其他研究有一定的出入（石扬娟，2010；陈晓光，2011；Kendall et al.，2017），也就是说，只要茎秆基部茎节坚韧、壁厚、干物质多，其抗倒伏能力就强，与基部茎节的长度关系不大。因此，用第二节抗折力、干重来评价某品种茎秆的抗倒伏能力大小具有一定的可行性。虽然茎秆重心高度与株高呈极显著正相关，但在育种中也不能无限制地降低株高，茹振钢等（2007）认为，适当增加株高，通过提高植株的生物产量，获得较高的籽粒产量，是实现小麦高产育种的重要途径。株高降低必然导致生物量的降低，从而降低品种的高产潜力。在大田生产中除选用抗倒伏性强的品种外，还可通过调节播期（冯素伟等，2009）、控制水肥（刘丽平和欧阳竹，2011；Zhang et al.，2017）等栽培措施改善茎秆的质量，增强茎秆的抗倒伏性。

3.3　结　　论

植株高度，基部节间长度、直径或粗度及壁厚是影响小麦抗倒伏性的最重要的 4 个外部形态指标。本研究结果与前人结果基本一致。基部第二节抗折力与倒伏指数呈极显著负相关关系，$r=-0.948$，是影响小麦抗倒伏能力的关键指标；第二节的壁厚、干重及地下部次生根数与倒伏指数存在显著负相关关系，r 分别为-0.884^{*}、-0.867^{*} 和-0.871^{*}。第二节抗折力对茎秆倒伏指数的直接作用最大，其直接通径系数为−0.775，第二节干重次之，再次则为地上部鲜重与地下部次生根数。倒伏指数与重心高度呈显著正相关，$r=0.817^{*}$；与株高及第二节长度也呈明显正相关关系，r 分别为 0.743 和 0.568，基本趋势与以往多数研究结果一致。'矮抗 58''周麦 18 号''周麦 22 号' 3 个品种良好的抗倒伏性均与其较低的株高、基部节间较强的抗折力和较厚的秆壁、较大的地上部鲜重、较多的地下部次生根数密切相关。抗倒伏品种选育，在选择适当株高的同时，应该注重加强对基部第二节抗折力、植株地下部次生根数等相关特性的选择。

参考文献

陈晓光. 2011. 小麦茎秆特性与倒伏的关系及调控研究. 泰安: 山东农业大学博士学位论文.
董琦, 王爱萍, 梁素明. 2003. 小麦基部茎节形态结构特征与抗倒性的研究. 山西农业大学学报, 23 (3): 188-191.
冯素伟, 李笑慧, 董娜, 等. 2009. 小麦品种百农矮抗 58 茎秆特性分析. 河南科技学院学报 (自然科学版), 37 (4): 1-3.
李金才, 尹钧, 魏凤珍. 2005. 播种密度对冬小麦茎秆形态特征和抗倒指数的影响. 作物学报, 31 (5): 662-666.
刘丽平, 欧阳竹. 2011. 灌溉模式对不同群体小麦茎秆特征和倒伏指数的影响. 华北农学报, 26 (6): 174-180.
闵东红, 王辉, 孟超敏, 等. 2001. 不同株高小麦品种抗倒伏性与其亚性状及产量相关性研究. 麦类作物学报, 21 (4): 76-79.
蒲定福, 周俊儒, 李邦发, 等. 2000. 根倒伏小麦抗倒性评价方法研究. 西北农业学报, 9 (1): 58-62.
茹振钢, 李淦, 张素琴, 等. 2007. 实现小麦新品种高产稳产优质高效的途径研究. 河南科技学院学报 (自然科学版), 35 (3): 1-3.
石扬娟. 2010. 不同栽培条件对中籼稻茎秆抗倒伏性状的影响. 中国农学通报, 26 (15): 172-178.
王莹, 杜建林. 2002. 大麦根倒伏抗性评价方法及其倒伏系数的通径分析. 作物学报, 27 (6): 941-945.
王勇, 李朝恒, 李安飞, 等. 1997. 小麦品种茎秆质量的初步研究. 麦类作物, 17 (3): 28-31.
魏凤珍, 李金才, 王成雨, 等. 2008. 氮肥运筹模式对小麦茎秆抗倒性能的影响. 作物学报, 34 (6): 1080-1085.
肖世和, 张秀英, 闫长生, 等. 2002. 小麦茎秆强度的鉴定方法研究. 中国农业科学, 35 (1): 7-11.
姚金保, 任丽娟, 张平平, 等. 2011. 小麦品种茎秆抗倒特性分析. 江苏农业科学, 39 (2): 140-142.
姚瑞亮, 朱文祥. 1998. 小麦形态性状与倒伏的相关分析. 广西农业大学学报, 17 (S1): 16-18, 23.
朱新开, 王祥菊, 郭凯泉, 等. 2006. 小麦倒伏的茎秆特征及对产量与品质的影响. 麦类作物学报, 26 (1): 87-92.
Crook M J, Ennos A R. 1994. Stem and root characteristics associated with lodging resistance in four winter wheat cultivars. J. Agri. Sci., 123 (2): 167-174.
Kelbert A J, Spaner D, Briggs K G, et al. 2004. The association of culm anatomy with lodging susceptibility in modern spring wheat genotypes. Euphytica, 136 (2): 211-221.
Kendall S L, Holmes H, White C A, et al. 2017. Quantifying lodging-induced yield losses in oilseed rape. Field Crops Research, 211: 106-113.
Navabi A, Iqbal M, Strenzke K, et al. 2006. The relationship between lodging and plant height in a diverse wheat population. Canadian Journal of Plant Science, 86 (3): 723-726.
Tripathi S C, Sayre K D, Kaul J N. 2005. Planting systems on lodging behavior, yield components, and yield of irrigated spring bread wheat. Crop Science, 45 (4): 1448-1455.
Tripathi S C, Sayre K D, Kaul J N, et al. 2003. Growth and morphology of spring wheat (*Triticum aestivum* L.) culms and their association with lodging: effects of genotypes, N levels and ethephon. Field Crops Research, 84 (3): 271-290.
Yao J, Ma H, Zhang P, et al. 2017. Inheritance of stem strength and its correlations with culm morphological traits in wheat (*Triticum aestivum* L.). Canadian Journal of Plant Science, 91 (6): 1065-1070.
Zhang M, Wang H, Yi Y, et al. 2017. Effect of nitrogen levels and nitrogen ratios on lodging resistance and yield potential of winter wheat (*Triticum aestivum* L.). PLoS ONE, 12 (11): e0187543.
Zuber U, Winzeler H, Messmer M M, et al. 2001. Morphological traits associated with lodging resistance of spring wheat (*Triticum aestivum* L.). J. Agron. Crop Sci., 182 (1): 17-24.

第 4 章　小麦茎秆显微结构与抗倒伏性的关系

许多研究结果表明，小麦品种的抗倒伏性主要受小麦植株高度和茎秆基部节间机械强度或抗折力的直接影响（王勇等，1997），而茎秆基部节间长度、粗度和健壮程度可以在很大程度上影响茎秆的机械强度（Zuber et al.，2001；肖世和等，2002；董琦等，2003；Tripathi et al.，2003；李金才等，2005；魏凤珍等，2008）。茎倒伏是茎秆基部机械组织不发达或第一、二节伸长变细，难以支撑地上植株重量，使茎秆弯曲或折断而发生的倒伏（董琦等，2003）。多数研究认为茎秆维管束作为营养运输的通道，与小麦产量关系密切（远彤等，1998；李金才等，1999；张全国等，2001；龚月桦等，2004；梅方竹和周广生，2001），但与茎秆抗倒伏性关系不明显。一些田间观察结果发现，小麦落黄状况与小麦生育后期根系活力及抗倒伏性有关，落黄好的小麦品种一般生育后期抗倒伏能力相对较高，推测小麦生育后期抗茎倒伏性可能与茎秆的代谢活力水平有关。为此，我们对小麦茎秆显微结构及茎秆代谢水平进行了研究，以期探讨茎秆显微解剖结构及茎秆代谢水平与茎秆抗倒伏性的关系，旨在为小麦抗倒伏育种提供理论依据。

4.1　材料与方法

4.1.1　试验材料

试验选用‘周麦 18 号’‘矮抗 58（百农 AK58）’‘温麦 6 号（豫麦 49 号）’‘周麦 22 号’‘郑麦 9023’‘豫麦 18 号’‘BH001’‘杂麦 3 号’‘杂麦 4 号’9 个小麦品种为试验材料，其中‘周麦 18 号’‘矮抗 58’‘温麦 6 号’‘周麦 22 号’‘郑麦 9023’‘豫麦 18 号’为生产中大面积栽培的小麦品种，‘BH001’为配置 BNS 型杂交小麦且综合性状优良的亲本之一，‘杂麦 3 号’和‘杂麦 4 号’为 BNS 型杂交小麦新品种。试验材料均由河南科技学院小麦中心提供。

4.1.2　试验设计

试验于 2010 年 10 月至 2011 年 6 月在河南科技学院校内试验田进行。随机区组设计，3 次重复，小区长 4m，行距 0.23m，10 行区，小区面积为 $9.2m^2$。10 月 5 日播种，播量为 240 万 $/hm^2$ 基本苗。土质为中壤，肥力中等偏上，返青期结合灌水追施尿素 $225kg/hm^2$，其他管理同一般大田生产。茎秆取样时期在籽粒灌浆的中后期（5 月 20 日）。

4.1.3 测定项目及方法

4.1.3.1 茎秆机械强度测定

茎秆机械强度（或茎秆抗折力）测定使用专门设计的便携式电子抗倒伏测定仪（Niu et al.,2012），参考王勇和李晴祺（1995）报道的方法，并经过适当改进。将便携式电子抗倒伏测定仪放置于工作台上，将“V”形的探头安装在测力单元的前部，利用峰值模式进行测定；取茎秆基部第二节间（去叶鞘），将其两端放于高 50cm、间隔 5cm 的支撑木架凹槽内；对准茎秆的中部均匀用力向下压，使茎秆折断时所用的力，即为该茎秆的机械强度或抗折力（Niu et al., 2012）。植株重心高度与鲜重测定参考王勇和李晴祺（1995）报道的方法，将茎秆基部至该茎（带穗、叶、叶鞘）平衡支点的距离作为植株重心高度，而将带有穗、叶和叶鞘的完整地上部单茎鲜重作为地上部鲜重。倒伏指数则是指单茎重心高度和地上部鲜重的乘积与茎秆抗折力之比。植株高度及节间长度利用 100cm 的直尺测量，第二节间壁厚利用游标卡尺测定。以上测定指标均在种植行的中部随机取 20 个单茎进行，计算其平均值。

4.1.3.2 茎秆活力测定

茎秆活力的测定利用氯化三苯基四氮唑（triphenyltetrazolium chloride，TTC）法（张志良和瞿伟菁，2003），并对原有的方法进行了改良。应用田间不间断取样法随机取小麦单茎 20 个，带回实验室迅速剥离叶和叶鞘，将基部第一、二节间用剪刀剪成 0.1cm 的小段，混匀后用电子天平（精确度 0.001）称取 0.2g 的新鲜茎段，重复 3 次，迅速放入带盖试管中，加入含 0.4% TTC 溶液和磷酸缓冲液的等量混合液 10mL，把茎段充分浸没在溶液内，在 37℃恒温水浴锅中保温 2h，此后加入 1mol/L 硫酸 2mL 停止反应。反应终止后，把材料滤出，吸干水分后移至带盖试管中，加入丙酮 10mL，黑暗条件下浸提 8h，中间振荡 2～3 次，吸取上层液体，利用分光光度计在 485nm 波长下比色。

4.1.3.3 基部茎节显微结构观察

取小麦茎秆基部的第二节为分析材料，分别取节间中部做徒手切片，用 Olympus 体视显微镜观察并照相，照片放大后计数大小维管束数量，每个品种观察 5 个单茎，计算平均值。同时，取新鲜基部茎段使用环境扫描电子显微镜（FEI Quanta 200 型环境扫描电子显微镜）在环境真空模式下，分别利用 24×、100× 和 400× 三种放大倍率对茎秆基部节间整体及局部横切面与维管束微观结构进行观察。

4.1.4　数据处理

试验结果以平均值 ± 标准偏差表示，数据处理采用 DPS 2000 和 Excel 2003。

4.2　结果与分析

4.2.1　不同品种的茎秆基本特性及其抗倒伏性

籽粒灌浆中后期的乳熟期是茎秆最易倒伏的时期（张全国等，2001），此次取样测定时间均为 5 月 22 日的籽粒灌浆后期（乳熟期）。参试 9 个小麦品种的茎秆基本特性及抗倒伏性如表 4-1 所示。

表 4-1　小麦茎秆基本特性

品种	株高 /cm	重心高度 /cm	茎鲜重 /g	第二节茎秆强度 /N	第二节长度 /cm	倒伏指数
周麦 18 号	73.14±2.03	35.35±1.02	9.39±1.13	5.67±1.10	5.97±0.70	0.57±1.05
矮抗 58	65.02±1.76	33.61±1.11	7.67±0.79	5.32±1.58	6.34±0.70	0.47±0.56
温麦 6 号	76.80±1.65	38.65±1.06	7.47±1.17	4.84±1.29	6.84±0.80	0.58±0.96
周麦 22 号	71.22±1.40	42.45±1.49	8.08±0.93	5.09±1.39	6.04±0.40	0.66±1.00
郑麦 9023	83.36±1.87	34.44±1.20	6.92±0.93	3.39±0.56	7.30±1.20	0.69±1.99
豫麦 18 号	77.31±1.44	39.95±1.50	6.29±0.68	3.57±0.89	6.28±0.70	0.69±1.15
BH001	78.56±1.97	39.39±1.99	8.44±1.10	5.18±0.94	7.36±0.80	0.63±2.33
杂麦 4 号	71.55±3.63	39.56±2.37	8.12±0.99	5.44±2.06	7.39±0.50	0.58±1.14
杂麦 3 号	81.58±4.05	45.10±1.94	10.03±1.44	5.28±1.77	9.31±1.40	0.84±1.58
平均值	75.58±5.43	38.76±3.55	8.12±1.12	4.90±0.78	7.04±1.00	0.63±5.10

从表 4-1 可以看出，9 个参试品种间的株高有很大差异，‘矮抗 58’的株高最低，试验当年仅为 65.02cm，因而茎秆重心高度也相对较低，乳熟期为 33.61cm，这样受到风力的作用较小，同样风力条件下，发生倒伏的概率就较小。‘矮抗 58’的倒伏指数在乳熟期为 0.47，抗倒伏性较强，其次为‘周麦 18 号’，倒伏指数为 0.57；‘周麦 18 号’‘周麦 22 号’‘豫麦 18 号’‘矮抗 58’‘温麦 6 号’的第二节较短，低于平均值。杂交小麦‘杂麦 3 号’在株高、茎鲜重、第二节茎秆强度以及第二节长度等方面均表现出明显的杂种优势，且产量优势明显，但抗倒伏性能较差，在生产中遇不良天气容易发生倒伏，‘杂麦 4 号’较‘杂麦 3 号’的抗倒伏性强。

4.2.2　茎秆基部第二节显微结构

9 个供试小麦材料基部第二节横切显微结构如图 4-1～图 4-9 所示。

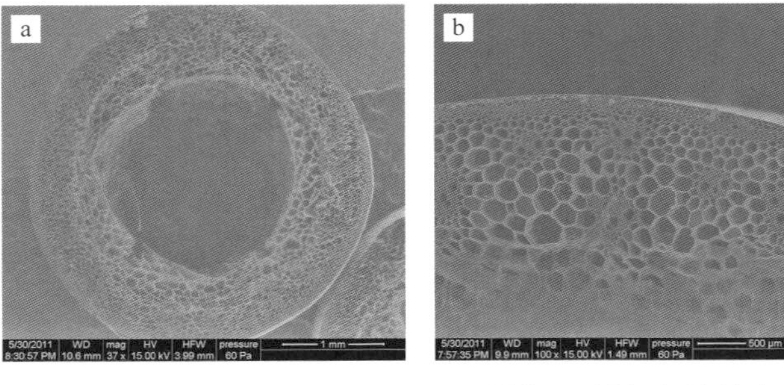
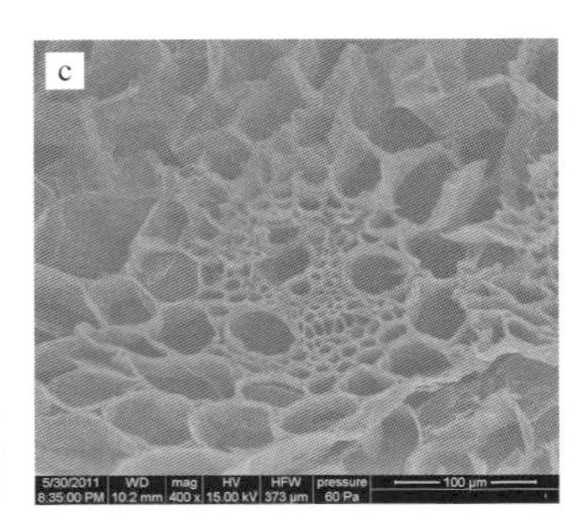

图 4-1 周麦 18 号茎秆维管束显微结构

a. 24×，b. 100×，c. 400×；下同

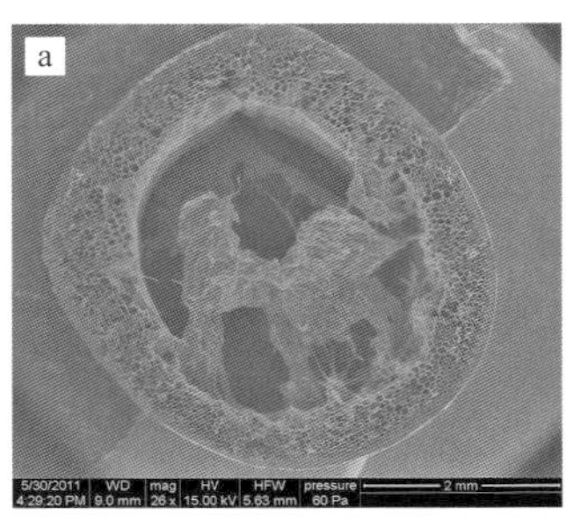
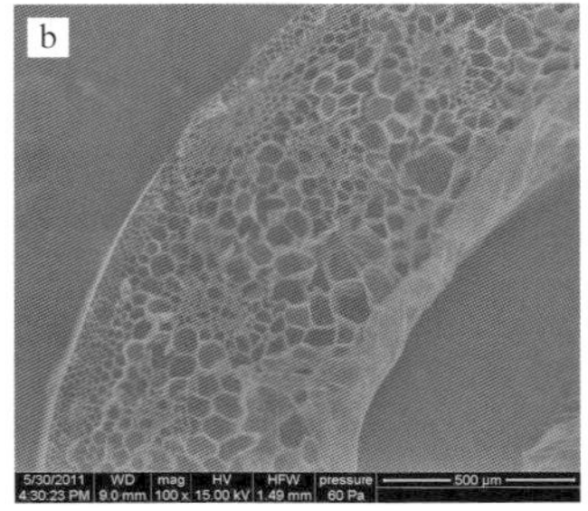
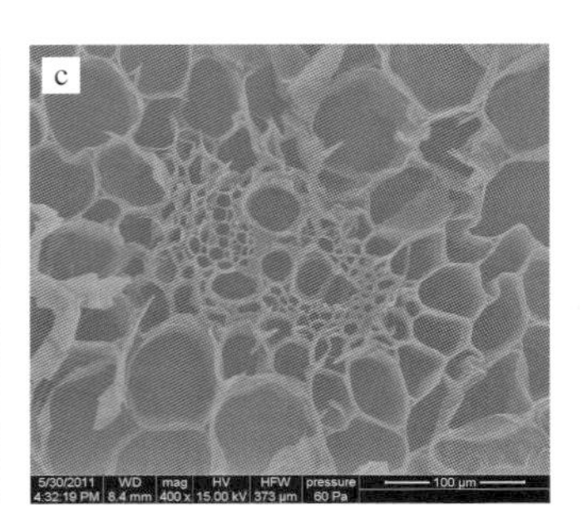

图 4-2 矮抗 58 茎秆维管束显微结构

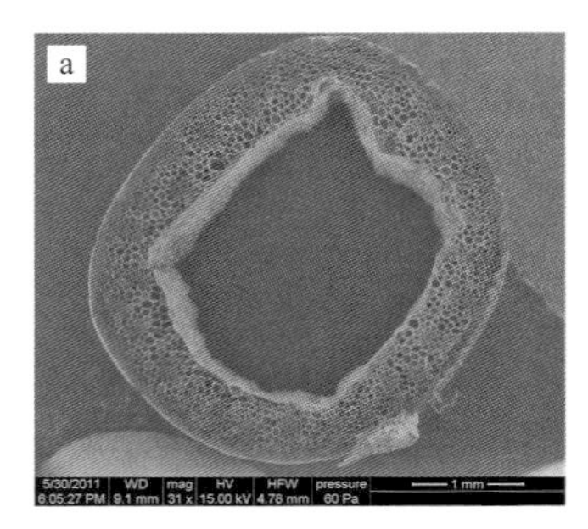
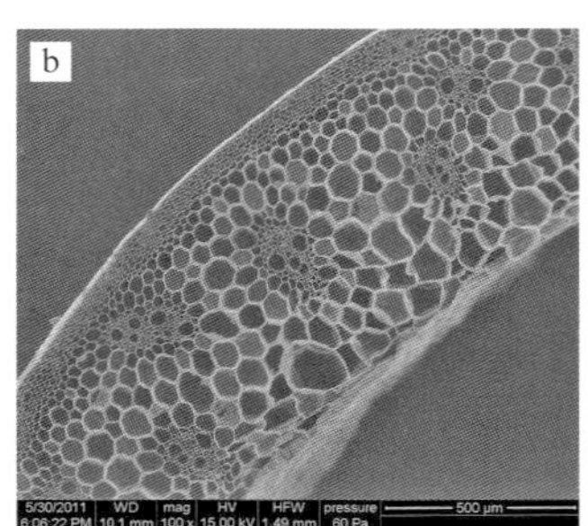
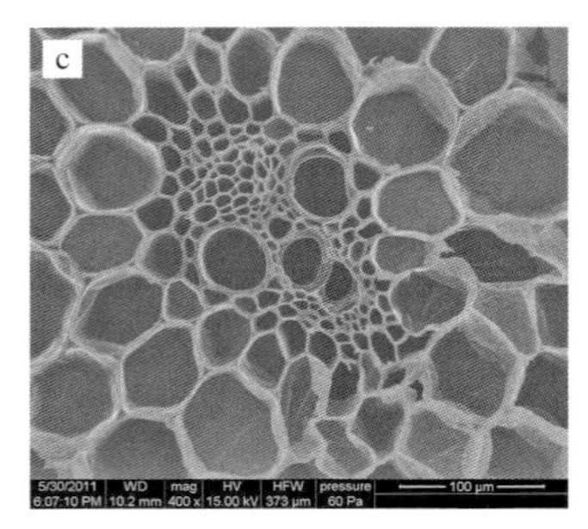

图 4-3 温麦 6 号茎秆维管束显微结构

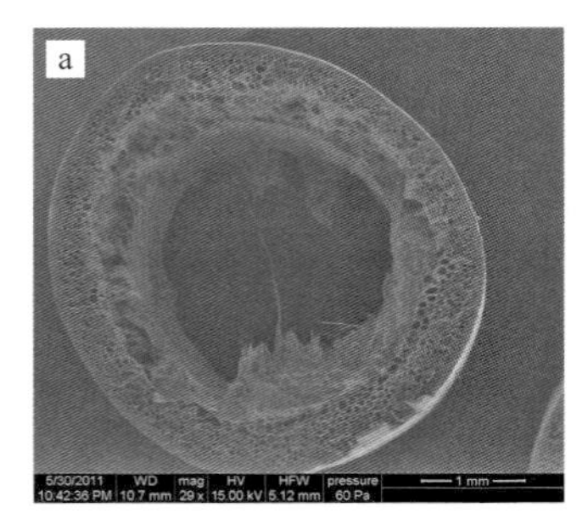
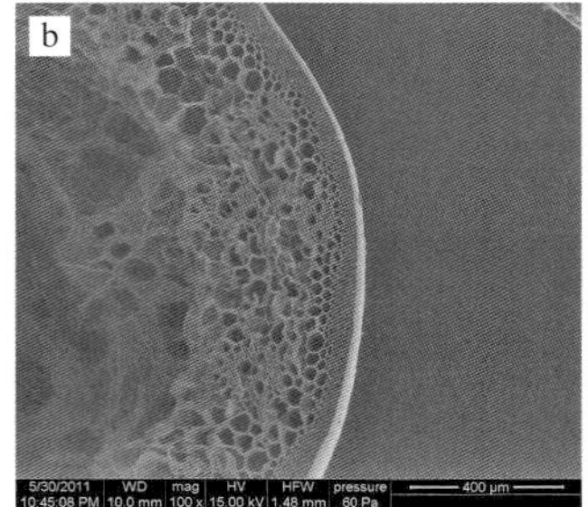
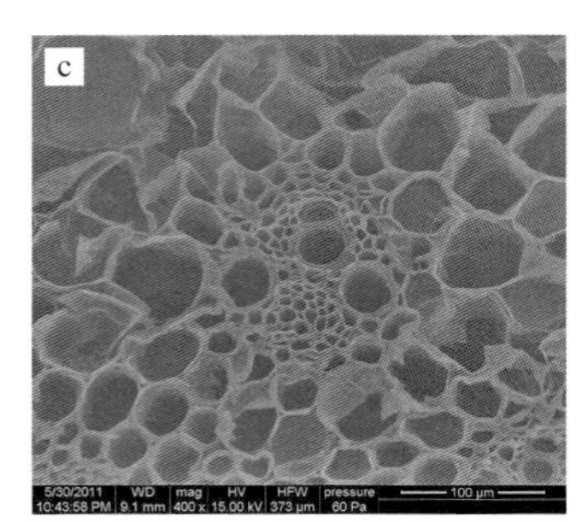

图 4-4 周麦 22 号茎秆维管束显微结构

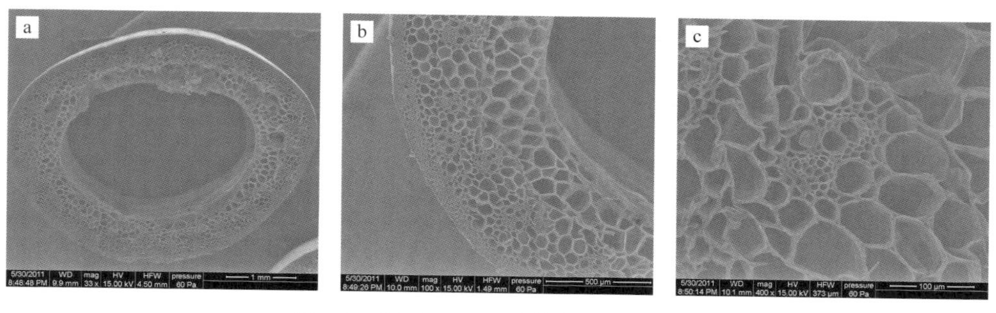

图 4-5　郑麦 9023 茎秆维管束显微结构

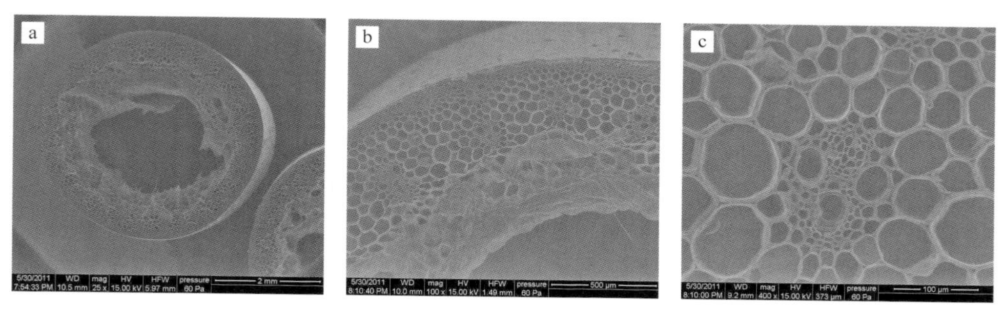

图 4-6　豫麦 18 号茎秆维管束显微结构

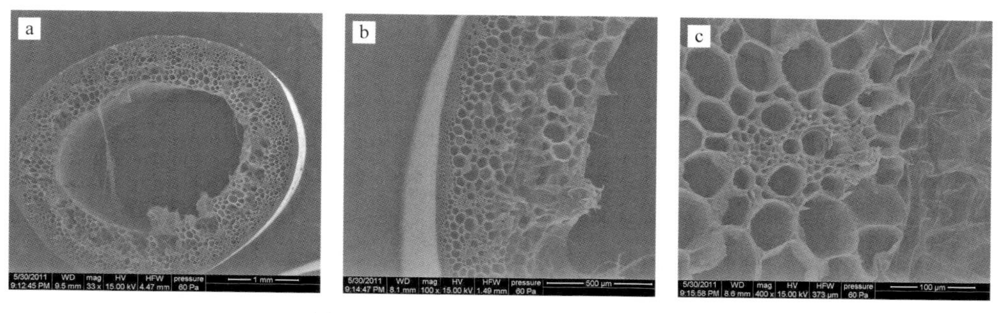

图 4-7　BH001 茎秆维管束显微结构

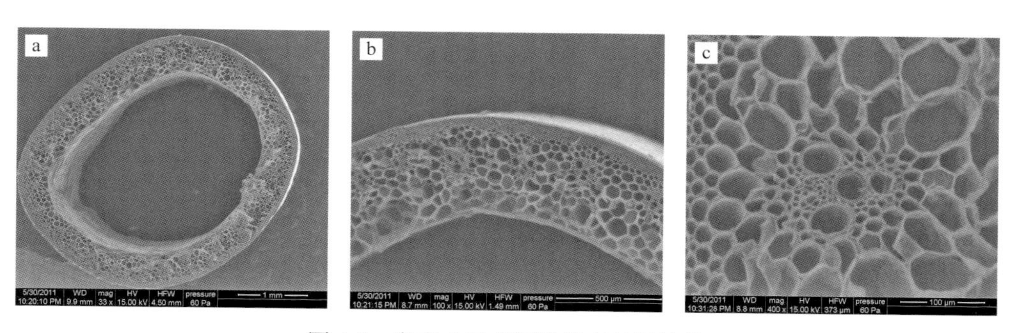

图 4-8　杂麦 4 号茎秆维管束显微结构

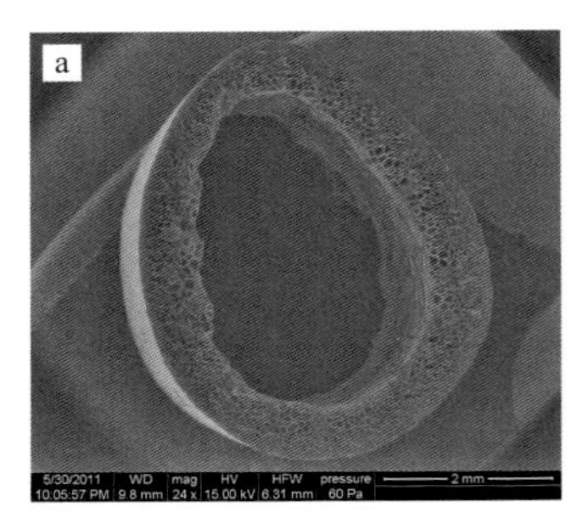

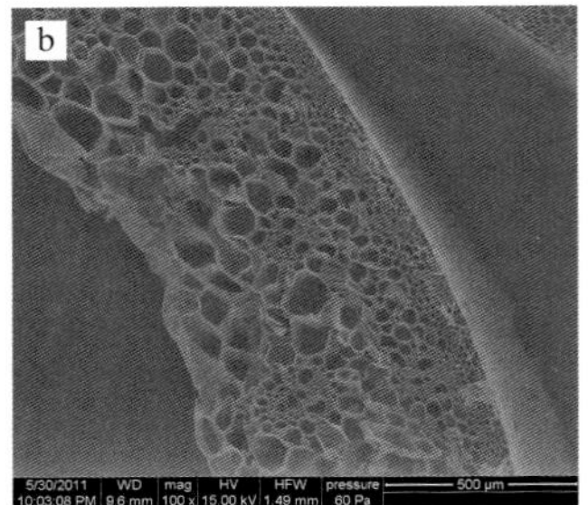

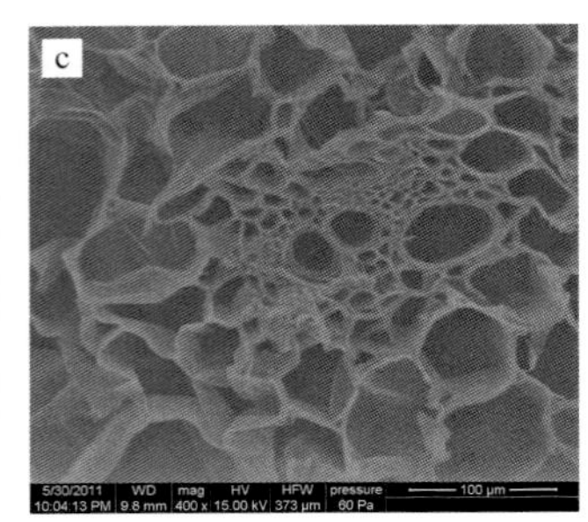

图 4-9　杂麦 3 号茎秆维管束显微结构

从图 4-1～图 4-9 可以看出，不同材料或品种茎秆维管束排列规律不尽相同，大部分品种的茎秆大维管束呈环状排列，规律地排列在茎秆薄壁组织中，但‘矮抗 58’和‘杂麦 4 号’薄壁组织的大维管束呈不规则状排列，这样可增加单位面积内维管束的数量。不同倍数下，基部第二节茎秆强度较大的‘矮抗 58’和‘杂麦 4 号’大维管束的横截面积较小，韧皮部细胞排列紧密，相反，茎秆强度较小的‘温麦 6 号’‘郑麦 9023’薄壁组织细胞较大，维管束韧皮部细胞排列疏松，强度降低。

4.2.3　茎秆基部第二节维管束数量及大小

同一时期不同品种间的维管束数量和大小有很大差异（表 4-2）。

表 4-2　茎秆基部第二节显微结构

品种	大维管数量 /（个 / 茎）	小维管数量 /（个 / 茎）	壁厚 /cm	茎秆横截面积 /cm^2
周麦 18 号	32.1d	22.2cd	0.071ab	0.167ab
矮抗 58	41.8a	22.7c	0.068ab	0.209ab
温麦 6 号	33.3cd	17.8e	0.059d	0.147d
周麦 22 号	38.7ab	17.3e	0.067bc	0.208bc
郑麦 9023	31.3d	17.7e	0.060cd	0.147cd
豫麦 18 号	38.0ab	36.7a	0.048e	0.193e
BH001	32.5cd	26.0b	0.058d	0.185d
杂麦 4 号	37.7ab	21.0cd	0.071ab	0.153ab
杂麦 3 号	36.7bc	19.7de	0.075a	0.282a

注：同列不同小写字母表示在 0.05 水平差异显著

表 4-2 中数据表明，‘矮抗 58’的大维管束数量较多，达到了 41.8 个 / 茎，而且维管束的排列呈交替状，这样可增加单位面积中大维管束数量及维管束密度，其次为‘周麦 22 号’和‘豫麦 18 号’，分别为 38.7 个 / 茎和 38.0 个 / 茎；

小维管束数量以‘豫麦 18 号’最多，其次为‘BH001’。茎秆基部第二节的壁厚在不同品种间有一定差异，杂交小麦的茎秆壁较厚，其次为‘周麦 18 号’和‘矮抗 58’。茎秆壁厚与茎秆横截面积关系不大，两者特性与品种有关。较粗、壁较厚的茎秆横截面积较大；茎秆较粗，但髓腔较大，其横截面积较小；而茎秆较粗，髓腔较小的其横截面积较大，相应的茎秆强度较大。茎秆的横截面积，‘杂麦 3 号’的最大，达到了 0.282cm^2，其次为‘矮抗 58’和‘周麦 22 号’，单茎横截面积分别为 0.209cm^2 和 0.208cm^2。综合分析表明，‘矮抗 58’‘杂麦 3 号’‘周麦 22 号’基部茎节的大维管束数量较多，而小维管束数量较少，秆壁较厚，茎秆横截面积较大，抗倒伏性能较好。

4.2.4　不同品种的茎秆活力

不同品种其灌浆中后期的茎秆活力大小有很大差异，如图 4-10 所示。

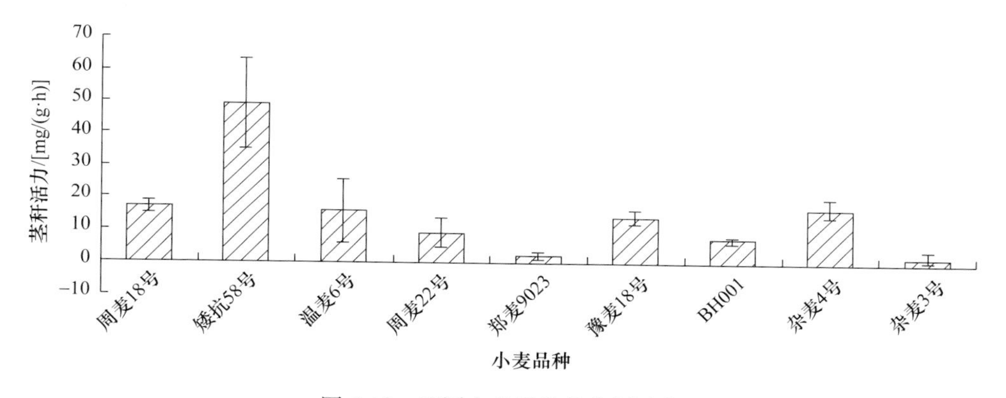

图 4-10　不同小麦品种的茎秆活力

由图 4-10 可以看出，‘矮抗 58’的茎秆活力最强，活力值达到了 49.33mg/（g · h），其次为‘杂麦 4 号’‘周麦 18 号’，活力值分别为 17.17mg/（g · h）和 16.88mg/（g · h）。方差分析可知，品种间的茎秆活力差异达到了极显著水平，‘矮抗 58’与其他 8 个品种之间存在极显著差异，‘杂麦 4 号’‘周麦 18 号’‘温麦 6 号’‘豫麦 18 号’之间差异不显著。小麦茎秆活力可能与小麦生育后期物质转运率及茎秆抗倒伏性密切相关。

小麦倒伏指数与株高、重心高度及基部第二节长度呈显著正相关关系，*R* 分别为 0.775**、0.721*、0.680*，该结果与冯素伟等（2012）的结果基本一致，但品种倒伏指数与基部节相关抗折力相关关系未达显著水平。结果提示小麦抗倒伏性是一个综合性指标，抗倒伏能力受株高、重心高度、基部节间长度以及茎秆粗细、壁厚、充实程度等多因素综合控制。‘矮抗 58’倒伏指数最小，抗倒伏性最强，原因是其株高较低，茎秆的重心高度较低，基部节间短粗，这与多数研究茎秆抗倒伏性能相关性状的结果一致（余泽高等，2003；梁莉和郭玉明，2008）。茎秆基部节间粗，且茎秆壁较厚，茎秆横截面积越大的植株，抗倒伏性越强；相反，茎秆较细，茎秆壁较薄，且茎秆横截面积越小者，其抗倒伏性越弱。若茎秆外径较粗，但茎秆壁较薄，髓腔较大，茎秆抗倒伏性也可能较低（王勇等，1998）。

茎秆显微结构分析结果表明，基部节间茎秆壁厚与其抗折力呈显著正相关关系，$r=0.748^{*}$，而与品种倒伏指数间未表现出明显的相关关系。茎秆基部节间大、小维管束数量与茎秆基部节间抗折力、品种倒伏指数无显著相关关系，该结果与王勇等（1998）、王健等（2006）及安呈峰等（2008）认为小麦茎秆基部维管束特别是大维管束的大小和数目与抗倒伏性呈正相关的结论不一致。小维管束数量与茎秆壁厚呈显著负相关关系，$r=-0.638^{*}$，该结果与王勇等（1998）所述的茎秆壁越厚、小维管束数量越少的结果一致。小维管束的数量增加有降低茎秆抗折力的趋势，小维管束分布在茎秆的外围，数量较多时，机械组织的体积相对变少，机械强度降低，从而影响茎秆的抗倒伏性能；而大维管束分布在茎秆的基本组织内，主要起运输和支撑作用，数量较多时可能对茎秆的抗倒伏性有利。‘矮抗58’和‘周麦22号’的茎秆大维管束数量较多，而小维管束数量相对较少，可能与‘矮抗58’和‘周麦22号’的茎秆截面积较大有关，茎秆截面积增大，单位面积内的大维管束数量会相对增加。

小麦地上部茎秆活力与小麦抗倒伏能力的关系至今未见报道。本研究结果发现小麦生育后期，不同品种间其茎秆活力有极显著的差异。品种倒伏指数较小的‘矮抗58’‘周麦18号’‘杂麦4号’等小麦品种，其茎秆活力较强，特别是矮秆品种‘矮抗58’，其茎秆活力与其他品种的差异均达到了极显著水平。茎秆活力可能与茎秆干物质的运转有关。茎秆活力强，干物质运转率高，茎秆充实度好，根系活力好，抗倒伏性较强。与此相反，茎秆活力弱，茎秆的干物质转运受阻，茎秆质量变差，根系早衰，抗倒伏性下降。

4.3 结　论

品种倒伏指数仍是目前使用较多的一种倒伏评价指标，综合反映了小麦茎秆鲜重、重心高度及茎秆基部节间抗折力对小麦抗倒伏能力的影响。其中，最重要的影响因素是植株重心高度和基部第二节的抗折力。一般而言，品种倒伏指数与株高、重心高度呈正相关，而与基部第二节的抗折力呈负相关。目前，许多抗倒伏品种是通过增加基部节间的抗折力的方式增强品种的抗倒伏性。关于茎秆形态与基部节间抗折力间关系的研究也有很多，基本趋势相同。抗折力与基部节间长度呈负相关，与茎秆粗度、壁厚和充实程度等呈正相关。

茎秆基部节间大、小维管束数量与茎秆基部节间抗折力、品种倒伏指数相关关系的分歧较大。本研究结果显示大、小维管束数量与茎秆基部节间抗折力、品种倒伏指数没有显著相关关系，一定程度上还存在降低茎秆抗折力的趋势，这可能与维管组织的营养物质运输通道属性有关。

小麦生育后期，不同品种间其茎秆活力有极显著的差异。品种倒伏指数较小的'矮抗 58''周麦 18 号''杂麦 4 号'等小麦品种，其茎秆活力较强，特别是矮秆品种'矮抗 58'，茎秆活力与其他品种的差异均达到了极显著水平，提示小麦后期茎秆代谢水平可能与其抗倒伏能力密切相关。茎秆活力可能直接或间接地影响小麦茎秆的抗倒伏性能，可将茎秆活力作为高产抗倒伏育种的一个重要指标。

参 考 文 献

安呈峰, 王延训, 毕建杰, 等. 2008. 高产小麦生育后期影响茎秆生长的生理因素与抗倒性的关系. 山东农业科学, (7): 1-4, 8.

董琦, 王爱萍, 梁素明. 2003. 小麦基部茎节形态结构特征与抗倒性的研究. 山西农业大学学报, 23 (3): 187-191.

冯素伟, 李淦, 胡铁柱, 等. 2012. 不同小麦品种茎秆抗倒性的研究. 麦类作物学报, 32 (6): 1055-1059.

龚月桦, 高俊凤, 周春菊. 2004. K 型杂交小麦 901 及亲本花后茎叶组织结构特征研究. 西北植物学报, 24 (7): 1190-1194.

李金才, 魏凤珍, 丁显萍. 1999. 小麦穗轴和小穗轴维管束系统及与穗部生产力关系的研究. 作物学报, 25 (3): 315-319.

李金才, 尹钧, 魏凤珍. 2005. 播种密度对冬小麦茎秆形态特征和抗倒指数的影响. 作物学报, 31 (5): 662-666.

梁莉, 郭玉明. 2008. 不同生长期小麦茎秆力学性质与形态特性的相关性. 农业工程学报, 24 (8): 131-134.

梅方竹, 周广生. 2001. 小麦维管解剖结构与穗粒重关系的研究. 华中农业大学学报, 20 (2): 107-113.

王健, 朱锦懋, 林青青, 等. 2006. 小麦茎秆结构和细胞壁化学成分对抗压强度的影响. 科学通报, 51 (5): 679-685.

王勇, 李朝恒, 李安飞, 等. 1997. 小麦品种茎秆质量的初步研究. 麦类作物, 17 (3): 28-31.

王勇, 李晴祺, 李朝恒, 等. 1998. 小麦品种茎秆的质量及解剖学研究. 作物学报, (24): 452-458.

王勇, 李晴祺. 1995. 小麦品种抗倒伏性评价方法的研究. 华北农业科学, 10 (3): 84-88.

魏凤珍, 李金才, 王成雨, 等. 2008. 氮肥运筹模式对小麦茎秆抗倒性能的影响. 作物学报, 34 (6): 1080-1085.

肖世和, 张秀英, 闫长生, 等. 2002. 小麦茎秆强度的鉴定方法研究. 中国农业科学, 35 (1): 7-11.

余泽高, 李志新, 严波. 2003. 小麦茎秆机械强度与若干性状的相关性研究. 湖北农业科学, (4): 11-14.

远彤, 郭天财, 罗毅, 等. 1998. 冬小麦不同粒型品种茎叶组织结构与籽粒形成关系的研究. 作物学报, 24 (6): 876-883.

张全国, 贾秀领, 马瑞昆. 2001. 基因型和供水对小麦维管系统发育的效应. 华北农学报, 16 (4): 65-70.

张志良, 瞿伟菁. 2003. 植物生理学实验指导. 北京: 高等教育出版社.

Niu L Y, Feng S W, Ru Z G, et al. 2012. Rapid determination of single-stalk and population lodging resistance strengths and an assessment of the stem lodging wind speeds for winter wheat. Field Crops Research, 139: 1-8.

Tripathi S C, Sayre K D, Kaul J N, et al. 2003. Growth and morphology of spring wheat (*Triticum aestivum* L.) culms and their association with lodging: effects of genotypes, N levels and ethephon. Field Crops Research, 84 (3): 271-290.

Zuber U, Winzeler H, Messmer M M, et al. 2001. Morphological traits associated with lodging resistance of spring wheat (*Triticum aestivum* L.). J. Agron. Crop Sci., 182 (1): 17-24.

第 5 章　茎秆化学成分与小麦抗倒伏性的关系

许多研究结果表明，小麦抗茎倒伏能力与株高及基部节间的形态特征密切相关，与株高呈显著负相关关系（姚瑞亮和朱文祥，1998；董琦等，2003；李金才等，2005；魏凤珍等，2008），与茎秆直径及壁厚呈显著正相关关系（肖世和等，2002；李金才等，2005）。基部节间形态结构及化学成分均可影响抗倒伏性能，但化学成分是重要的内在原因。纤维素在茎秆中起到骨架作用；半纤维素渗透在骨架中，与纤维素紧密结合，起到黏结功能；木质素主要存在于纤维束的外围，与半纤维素通过共价键构成网络结构，使茎秆坚硬（张晓阳等，2012）。小麦茎秆纤维素结晶体具有典型的纤维素 I 的结构，不同小麦品种茎秆纤维素的结晶度不同，抗倒伏小麦茎秆纤维素含量高，结晶度也较高（范文秀等，2012）。有学者认为纤维素含量与茎秆的抗倒伏性呈显著正相关关系（Tripathi et al.，2003；魏凤珍等，2008；郭维俊等，2009；王成雨等，2012），抗倒伏品种茎秆纤维素含量显著高于不抗倒伏品种（王健等，2006）。木质素作为细胞壁的主要组成成分，能够提高茎秆抗折力，增强茎秆的抗压能力，其含量与茎秆刚性密切相关（Lewis and Yamamoto，1990；Jones et al.，2001），抗倒伏能力强的品种其木质素含量高（Welton，1928；Ookawa and Ishihara，1993；魏凤珍等，2008；陈晓光等，2011）。木质素含量与茎秆基部节间机械强度和茎秆重心高度的比值呈极显著正相关（王成雨等，2012），木质素含量增加，小麦的抗倒伏能力显著增强（Zhu et al.，2004）。而 Kokubo 等（1991）研究认为抗压程度大、抗倒伏能力强的品种其木质素含量低。也有研究指出，不同抗倒伏性品种的茎秆木质素含量之间无明显差异（Updegraff，1969）。目前，学者对抗倒伏性的研究多集中在灌浆到蜡熟这段生育期内某个时期（谢家琦等，2009），而对多个生育时期抗倒伏性的研究还很少，更少将茎秆抗折力、倒伏指数与茎秆内物质积累变化相结合来研究小麦的抗倒伏性。本试验以生产中大面积推广种植的‘矮抗 58’‘豫麦 49 号’‘周麦 18 号’及高产新品种‘百农 418’为材料，研究开花至成熟过程中茎秆抗折力、倒伏指数、茎秆特性、物质积累的变化特点，以及茎秆特性、物质积累与抗折力、倒伏指数的相关性，为小麦超高产育种中抗倒伏性的选择提供理论依据。

5.1　材料与方法

5.1.1　试验材料

供试材料为生产中大面积推广种植的‘矮抗 58’（全国累计推广面积最大品种，由河南科技学院小麦中心提供）、‘豫麦 49 号’（由鹤壁市农业科学院提供）、‘周麦 18 号’（由周口市农业科学院提供）及高产新品种‘百农 418’（由河南科技学院小麦中心提供）。

5.1.2　试验设计

试验在河南省新乡市新乡县朗公庙镇河南科技学院小麦育种基地进行，试验田土质为中壤，肥力中等。供试材料于 2014 年 10 月 8 日播种，随机区组设计，重复 3 次，小区面积 12.48m^2，13 行区。返青期结合灌水追施尿素 225kg/hm^2，其他管理同一般大田生产，在 2015 年 6 月 6 日收获。取样时间：从小麦开花开始每 10 天取一次样，测定各项指标，每一个处理随机取 10 个单茎进行测定。

5.1.3　测定项目与方法

5.1.3.1　茎秆基本性状的测定

分别于开花期、花后 10 天、花后 20 天及花后 30 天用直尺和游标卡尺测定小麦茎秆基部第二节间长、第二节间粗、第二节间壁厚、重心高度（茎基部到该茎平衡点的距离）及株高。

5.1.3.2　茎秆抗折力的测定

茎秆抗折力的测定采用下压法。取去掉叶鞘的基部第二节间，将其放在间隔 5cm 的支撑架上，用作物茎秆抗倒伏强度测定仪的“V”形探头向下缓慢用力下压，使茎秆折断所用的最大力即为该茎秆的抗折力（单位 *g*）。

5.1.3.3　品种倒伏指数的计算

参照冯素伟等（2015）提出的品种倒伏指数来衡量供试材料抗倒伏性的相对强弱。品种的倒伏指数与抗倒伏能力成反比，倒伏指数越小，抗倒伏能力就越强。

品种倒伏指数＝茎秆鲜重 × 茎秆重心高度 / 基部第二节抗折力　（5-1）

5.1.3.4　茎秆物质积累的测定

以离地面较近的第二节间茎秆为研究对象，105℃杀青 30min 后 80℃烘干至恒定重量，经过粉碎机粉碎、过筛（40～60 目），参照张红漫等（2010）的方法，测定纤维素、半纤维素和木质素含量。

5.1.4　数据处理

采用 SAS（8.01 版）和 Excel 2007 进行有关数据的整理与统计分析。

5.2　结果与分析

5.2.1　不同品种的茎秆抗折力和倒伏指数

小麦茎秆不仅有弹性还具有硬性，抗折力就是这两种属性的综合体现。由表 5-1 可以看出，在小麦开花期至花后 20 天这段时期，茎秆抗折力维持在较高水平，之后降低。在同一生育时期，‘矮抗 58’‘周麦 18 号’‘百农 418’的茎秆抗折力显著高于‘豫麦 49 号’，表明‘矮抗 58’‘周麦 18 号’‘百农 418’茎秆抗折断能力更强。茎秆抗折力仅反映茎秆抗折断能力，品种倒伏指数则是植株重量、重心高度和茎秆抗折力的综合体现。‘豫麦 49 号’的倒伏指数显著高于‘矮抗 58’，表明‘豫麦 49 号’的茎秆抗倒伏性较差，易发生倒伏；‘百农 418’‘周麦 18 号’的倒伏指数居于两者之间。同一品种的倒伏指数在不同生育时期有较大差别，开花期倒伏指数较小，花后 10 天与花后 20 天倒伏指数相差不大，花后 30 天的倒伏指数明显高于前几个时期。说明花后 30 天是小麦易发生倒伏的时期，可能与茎秆物质转运和重心高度上移有关。

表 5-1　供试品种不同生育时期的茎秆抗折力与倒伏指数

指标	测定时期	品种			
		百农 418	矮抗 58	豫麦 49 号	周麦 18 号
抗折力 /g	开花期	778.07±65.36b	780.56±43.56b	411.54±35.15c	972.30±5.18a
	花后 10 天	660.10±58.31b	745.40±64.40a	471.50±36.95c	747.60±23.76a
	花后 20 天	816.50±34.77a	837.20±30.90a	385.20±19.70b	826.60±46.90a
	花后 30 天	286.30±10.50b	261.50±15.50c	146.20±9.70d	301.50±19.70a
倒伏指数	开花期	0.36±0.03b	0.28±0.02c	0.64±0.08a	0.31±0.02c
	花后 10 天	0.47±0.05b	0.40±0.03c	0.70±0.07a	0.41±0.01c
	花后 20 天	0.39±0.03bc	0.36±0.01c	0.97±0.05a	0.40±0.03b
	花后 30 天	0.58±0.03b	0.57±0.04b	1.26±0.14a	0.59±0.07a

注：同行数据不同小写字母表示在 0.05 水平差异显著

5.2.2　不同品种的茎秆基部节间形态特征

茎秆基部节间的形态特征以及株高、重心高度与抗倒伏性有密切关系。在株高、重心高度、节长这 3 个方面（表 5-2），‘矮抗 58’均体现了最低值，‘百农 418’与‘周麦 18 号’处于同一水平，‘豫麦 49 号’这 3 个性状均状处于最高水平，与倒伏指数的比较结果一致。从表 5-2 还可以看出，‘百农 418’‘矮抗 58’‘周麦 18 号’之间的壁厚差异不显著，但均高于‘豫麦 49 号’，总体表现为‘百农 418’＞‘矮抗 58’＞‘周麦 18 号’＞‘豫麦 49 号’。此外，开花期至花后 30 天，‘矮抗 58’茎粗总体呈现逐步增加趋势，‘百农 418’茎粗在 4 个品种中最大，显著高于‘周麦 18 号’和‘豫麦 49 号’，与‘矮抗 58’差异不显著；‘豫麦 49 号’与‘周麦 18 号’相近，两者没有显著差异。

表 5-2　供试品种不同生育时期茎秆抗倒伏性的变化

指标	测定时期	品种			
		百农 418	矮抗 58	豫麦 49 号	周麦 18 号
节长 /cm	开花期	5.88±0.55b	5.21±0.31c	6.85±0.69a	6.53±0.51a
	花后 10 天	6.62±0.29a	5.54±0.28b	6.83±0.52a	6.97±0.43a
	花后 20 天	6.44±0.59a	4.91±0.34b	6.69±0.83a	6.55±0.64a
	花后 30 天	6.53±0.47a	5.35±0.44b	6.64±0.76a	6.58±0.37a
壁厚 /mm	开花期	1.00±0.13a	0.93±0.12a	0.83±0.08a	1.09±0.07a
	花后 10 天	0.94±0.09a	0.93±0.09a	0.82±0.06a	0.93±0.09a
	花后 20 天	0.96±0.08a	0.92±0.06a	0.80±0.08b	0.91±0.08a
	花后 30 天	0.95±0.06a	0.94±0.05a	0.81±0.07b	0.91±0.09a
株高 /cm	开花期	75.09±2.33a	69.52±2.16b	77.08±3.47a	76.00±3.160a
	花后 10 天	75.89±2.07a	70.41±1.59b	77.25±2.55a	77.59±1.79a
	花后 20 天	71.44±1.25b	68.57±2.04c	78.40±2.05a	77.05±2.49b
	花后 30 天	72.52±2.24b	64.50±3.43c	77.08±5.85a	74.15±3.54ab
重心高度 /cm	开花期	37.03±1.10b	35.38±1.69b	39.34±2.39a	36.56±1.86b
	花后 10 天	41.69±1.07c	40.05±1.41b	44.86±1.50a	41.61±0.95b
	花后 20 天	44.2±1.40c	41.99±1.76d	52.53±1.64a	46.43±1.96b
	花后 30 天	46.07±2.01b	41.23±2.42c	50.77±4.15a	48.8±3.53ab
茎粗 /mm	开花期	5.02±0.40a	4.04±0.25c	4.51±0.34b	4.19±0.21c
	花后 10 天	4.45±0.30a	4.25±0.25ab	3.77±0.24c	4.13±0.21b
	花后 20 天	4.69±0.46a	4.24±0.31b	3.67±0.30c	3.91±0.38c
	花后 30 天	4.82±0.33a	4.66±0.58a	4.24±0.43b	4.14±0.30b

注：同行数据不同小写字母表示在 0.05 水平差异显著

5.2.3　不同品种不同生育时期的物质积累变化特征

纤维素、半纤维素和木质素是主要的结构性碳水化合物，是细胞壁的主要成分，在细胞中起着充实、支撑的作用。表 5-3 的结果表明，在开花期到花后 30 天这段时期，三种物质均总体呈现升高的变化趋势。从不同生育时期不同品种比较来看，‘矮抗 58’纤维素含量各个时期均处于最高水平，‘豫麦 49 号’纤维素含量最低，‘百农 418’与‘周麦 18 号’相比，除在花后 20 天高于‘周麦 18 号’外，其余时期两者处于同一水平。半纤维素含量方面，不同生育时期‘矮抗 58’‘周麦 18 号’均高于‘豫麦 49 号’，‘百农 418’与‘豫麦 49 号’相差不大。从木质素含量比较来看，‘矮抗 58’在各个时期均表现出较高的含量，在开花期显著高于‘豫麦 49 号’和‘周麦 18 号’，总体表现为‘矮抗 58’＞‘百农 418’＞‘周麦 18 号’＞‘豫麦 49 号’，然而在统计上后 3 个品种差异并不显著；花后 10 天、花后 20 天及花后 30 天总体表现为‘矮抗 58’＞‘周麦 18 号’＞‘百农 418’＞‘豫麦 49 号’，‘矮抗 58’与‘豫麦 49 号’‘百农 418’之间存在显著差异，后 3 个品种差异不大。纤维素、木质素含量各个时期多重比较的结果与倒伏指数多重比较的结果较接近，可知纤维素、木质素含量在一定程度上可以反映茎秆的抗倒伏能力。

表 5-3　供试品种不同生育时期物质积累的变化

化学组分	测定时期	品种			
		百农 418	矮抗 58	豫麦 49 号	周麦 18 号
纤维素含量 /%	开花期	18.70±1.40ab	20.20±2.09a	17.53±1.38b	19.20±1.37ab
	花后 10 天	21.50±1.97a	22.10±1.72a	19.35±1.35b	21.28±1.78a
	花后 20 天	23.77±1.39a	25.19±2.09a	21.62±1.40b	19.78±1.27c
	花后 30 天	25.89±2.53ab	27.47±1.46a	23.39±2.40b	24.12±3.59b
半纤维素含量 /%	开花期	17.65±1.22a	18.90±1.67a	17.20±1.77a	18.91±1.77a
	花后 10 天	19.74±1.48a	20.83±2.00a	19.86±1.17a	21.69±2.18a
	花后 20 天	21.55±1.63ab	22.62±1.16a	20.50±1.08b	23.03±1.53a
	花后 30 天	24.20±1.77a	25.39±1.64a	23.61±1.65a	25.09±1.47a
木质素含量 /%	开花期	14.87±1.45ab	15.42±1.44a	13.78±0.86b	13.89±0.92b
	花后 10 天	18.52±0.93b	20.46±1.69a	18.24±0.71b	19.38±1.42ab
	花后 20 天	22.53±1.52b	24.09±1.18a	22.25±1.36b	23.25±1.24ab
	花后 30 天	24.08±1.03b	26.33±1.03a	23.65±1.50b	24.21±1.66b

注：同行数据不同小写字母表示在 0.05 水平差异显著

5.2.4　茎秆的节间特征、化学组分与抗折力、倒伏指数的相关性

表 5-4 的结果表明，开花期茎秆的抗折力与重心高度呈极显著负相关，与茎秆纤维素、木质素含量呈极显著正相关，可能是纤维素、木质素含量低，茎秆拉伸强度不高，导致抗折力偏低；植株的倒伏指数与茎秆节长、株高、重心高度呈极显著正相关，与纤维素、木质素含量呈现极显著负相关，开花期小麦节长越小、株高越矮、重心高度越低、茎秆纤维素和木质素含量越高，小麦的倒伏指数

越小，抗倒伏能力越强。花后 10 天茎秆抗折力和节长、株高、重心高度呈显著或极显著负相关，与纤维素含量、半纤维素含量、木质素含量、茎粗呈显著或极显著正相关；花后 10 天倒伏指数与节长、株高、重心高度呈显著或极显著正相关，与茎粗和纤维素、半纤维素、木质素含量呈显著或极显著负相关。花后 20 天茎秆抗折力与节长、株高、重心高度呈现显著或极显著负相关，与茎粗、茎秆化学组分之间呈现显著或极显著正相关；花后 20 天倒伏指数与节长、株高、重心高度呈现极显著正相关，与茎粗、茎秆化学组分之间呈显著或极显著负相关。花后 30 天茎秆抗折力与株高、重心高度呈显著负相关，倒伏指数与株高、重心高度呈极显著正相关。4 个生育时期中株高、重心高度均与倒伏指数呈显著或极显著正相关，茎秆的化学组分与倒伏指数呈显著或极显著负相关。各个生育时期重心高度的相关系数均大于株高的相关系数，纤维素含量的相关系数大于木质素的相关系数，可知重心高度、茎秆纤维素含量与茎秆抗倒伏性关系更为密切。

表 5-4　茎秆节间特征、化学组分与抗折力、倒伏指数的相关关系

测定时期	鉴定指标	节长	株高	重心高度	茎粗	纤维素含量	半纤维素含量	木质素含量
开花期	抗折力	−0.2880	−0.2063	−0.5147**	−0.1594	0.6700**	0.1947	0.4915**
	倒伏指数	0.5213**	0.5425**	0.7307**	0.2160	−0.7235**	−0.3002	−0.4272**
花后 10 天	抗折力	−0.3229*	−0.3177*	−0.7115**	0.5708**	0.6044**	0.5990**	0.3845*
	倒伏指数	0.3665*	0.3754*	0.8187**	−0.6003**	−0.5417**	−0.6237**	−0.3995*
花后 20 天	抗折力	−0.3586*	−0.6045**	−0.8455**	0.5137**	0.3588*	0.3379*	0.3362*
	倒伏指数	0.3782*	0.6505**	0.8865**	−0.5132**	−0.3836*	−0.3453*	−0.3571*
花后 30 天	抗折力	−0.1152	−0.3233*	−0.3675*	0.2262	0.1134	0.1950	0.1711
	倒伏指数	0.2803	0.5368**	0.6237**	−0.2155	−0.1017	−0.2375	−0.3255*

* 表示显著相关（$P<0.05$），** 表示极显著相关（$P<0.01$）

5.3　结　　论

开花期之后植物以生殖生长为主，营养生长为辅，植株的形态特征在开花后仍是不断变化的。李晴祺（1998）研究表明茎秆在乳熟期才会发育成熟，此后随着物质转运，茎秆强度会降低。本试验不仅测定了各个时期的茎秆抗折力、倒伏指数，而且测定了茎秆各个时期的形态特征，对抗折力、倒伏指数与相应时期茎秆形态特征、化学组分进行了相关分析。徐磊等（2009）也持有相同的看法，认为灌浆中期是小麦抗倒伏能力变化复杂的时期，对多个时期抗倒伏性状进行研究，比单纯在乳熟、蜡熟期测定可以得到更准确的分析结果。试验材料在科学研究中起着关键作用（明道绪，2005），‘矮抗 58’‘周麦 18 号’‘豫麦

49号’在市场上大面积推广，并且被育种家作为骨干亲本，加强此类品种的抗倒伏性研究，可以有效促进抗倒伏性理论研究与育种实践有机结合（孟令志等，2004）。结果显示，开花期至花后20天茎秆抗折力较高，之后下降，这是由于开花期至花后20天，茎秆不断发育成熟，木质化程度不断加深，因此有较高的抗折力，这与陈晓光等（2011）的研究结果一致；倒伏指数在开花期最小，花后30天最大，其余两个时期处于中间水平，可能与穗部重量不断增加，重心高度逐渐上移，开花期至花后20天茎秆抗折力较强，以及后期茎秆干物质转运有关。总体而言，各个生育时期茎秆抗折力大、倒伏指数小的品种（‘矮抗58’‘百农418’‘周麦18号’），其茎秆基部第二节短粗、秆壁较厚，株高和重心高度较低，纤维素和木质素含量较高，这与大多学者的研究结果一致（Kelbert et al.，2004；邵云等，2011）。与抗倒伏能力密切相关的性状不止一种，因此，抗倒伏能力强的品种其抗倒伏性状间的组配方式也是多种多样，各有特色。‘矮抗58’‘百农418’株高和重心高度较低，节长较短、茎秆较厚，‘周麦18号’则是茎秆木质素、纤维素含量较高。抗性育种与产量、品质育种之间的矛盾，造成我们不可能把所有有利于抗倒伏的性状整合在一起，因此重点是培育其中某一种或者某几种性状更有利于抗倒伏即可，这样对于解决抗倒伏与高生物产量之间的矛盾也有重要意义。

小麦倒伏发生的时期越早，对产量的影响越严重，为了明确各个生育时期影响小麦抗倒伏性的关键因素，对小麦茎秆表型性状、化学组分与抗折力、倒伏指数进行相关分析，结果显示，开花期抗折力与重心高度呈极显著负相关，与纤维素、木质素含量呈极显著正相关，倒伏指数与节长、株高、重心高度呈极显著正相关，与纤维素、木质素含量呈极显著负相关；花后10天和花后20天抗折力与节长、株高、重心高度呈显著或极显著负相关，与茎粗和纤维素含量、半纤维素含量、木质素含量显著或极显著正相关，倒伏指数这段时期正好与之相反；花后30天抗折力与株高、重心高度呈显著负相关，倒伏指数与株高、重心高度呈极显著正相关，与木质素含量呈极显著负相关。

参考文献

陈晓光, 史春余, 尹燕枰, 等. 2011. 小麦茎秆木质素代谢及其与抗倒性的关系. 作物学报, 37 (9): 1616-1622.
董琦, 王爱萍, 梁素明. 2003. 小麦基部茎节形态结构特征与抗倒性的研究. 山西农业大学学报, 23 (3): 187-191.
范文秀, 侯玉霞, 冯素伟, 等. 2012. 小麦茎秆抗倒伏性能研究. 河南农业科学, 41 (9): 31-34.
冯素伟, 姜小苓, 丁位华, 等. 2015. 基于一种新方法的小麦茎秆抗倒性研究. 华北农学报, 30 (3): 69-72.
郭维俊, 王芬娥, 黄高宝, 等. 2009. 小麦茎秆力学性能与化学组分试验. 农业机械学报, 40 (2): 110-114.
李金才, 尹钧, 魏凤珍. 2005. 播种密度对冬小麦茎秆形态特征和抗倒指数的影响. 作物学报, 31 (5): 662-666.
李晴祺. 1998. 冬小麦种质资源的创造、评价与利用. 济南: 山东科学技术出版社: 203-219.
孟令志, 郭宪瑞, 刘宏伟, 等. 2004. 小麦抗倒性研究进展. 麦类作物学报, 34 (12): 1720-1727.
明道绪. 2005. 大田实验与统计分析. 北京: 科学出版社: 13-16.

邵云, 张黛静, 冯荣成, 等. 2011. 3 种化学调控剂对西农 979 抗倒伏性的影响. 西北农业学报, 20 (4): 53-57.
王成雨, 代兴龙, 石玉华, 等. 2012. 氮肥水平和种植密度对冬小麦茎秆抗倒性能的影响. 作物学报, 38 (1): 121-128.
王健, 朱锦懋, 林青青, 等. 2006. 小麦茎秆结构和细胞壁化学成分对抗压强度的影响. 科学通报, 51 (5): 17.
魏凤珍, 李金才, 王成雨, 等. 2008. 氮肥运筹模式对小麦茎秆抗倒性能的影响. 作物学报, 34 (6): 1080-1085.
肖世和, 张秀英, 闫长生, 等. 2002. 小麦茎秆强度的鉴定方法研究. 中国农业科学, 35 (1): 7-11.
谢家琦, 李金才, 魏凤珍, 等. 2009. 江淮平原小麦主栽品种茎秆抗倒性能分析. 中国农学通报, 25 (3): 108-111.
徐磊, 王大伟, 时荣盛, 等. 2009. 小麦基部节间茎秆密度与抗倒性关系的研究. 麦类作物学报, 29 (4): 673-679.
姚瑞亮, 朱文祥. 1998. 小麦形态性状与倒伏的相关分析. 广西农业大学学报, 17 (S1): 16-18, 23.
张红漫, 郑荣平, 陈敬文, 等. 2010. NREL 法测定木质纤维素原料组分的含量. 分析实验室, 29 (11): 15-18.
张晓阳, 杜风光, 常春, 等. 2012. 纤维素生物质水解与应用. 郑州: 郑州大学出版社: 3-17.
Jones L, Ennos A R, Turner S R. 2001. Cloning and characterization of irregular xylem4 (*irx4*): a severely lignin-deficient mutant of *Arabidopsis*. The Plant Journal, 26 (2): 205-216.
Kelbert A J, Spaner D, Briggs K G, et al. 2004. The association of culm anatomy with lodging susceptibility in modern spring wheat genotypes. Euphytica, 136 (2): 211-221.
Kokubo A, Sakurai N, Kuraishi S, et al. 1991. Culm brittleness of barley (*Hordeum vulgar* L.) mutants is caused by smaller number of cellulose molecules in cell wall. Plant Physiology, 97: 509-514.
Lewis N G, Yamamoto E. 1990. Lignin: occurrence, biogenesis and biodegradation. Annual Review of Plant Physiology and Plant Molecular Biology, 41 (1): 455-496.
Ookawa T, Ishihara K V. 1993. Difference of the cell wall components affecting the ding stress of the culm in relating to the lodging resistance in paddy rice. Japanese Journal of Crop Science, 62 (3): 378-384.
Tripathi S C, Sayre K D, Kaul J N, et al. 2003. Growth and morphology of spring wheat (*Triticum aestivum* L.) culms and their association with lodging: effects of genotypes, N levels and ethephon. Field Crops Research, 84 (3): 271-290.
Updegraff D M. 1969. Semimicro determination of cellulose in biological materials. Analytical Biochemistry, 32: 420-424.
Welton F A. 1928. Lodging in oats and wheat. Botanical Gazatte, 85 (2): 121-151.
Zhu L, Shi G X, Li Z S, et al. 2004. Anatomical and chemical features of high-yield wheat cultivar with reference to its parents. Acta Bot. Sini., 46 (5): 565-572.

第 6 章 小麦茎秆纤维素的光谱学研究

长期以来，国内外学者对小麦茎秆结构特征、生理特性和物理性状等与抗倒伏性关系进行研究报道较多，但有关报道多侧重于对某些性状的分析，而缺少茎秆细胞壁的化学成分分析（Crook and Ennos，1995）。已有植物细胞壁化学组成对茎秆抗倒伏性影响的研究主要集中在纤维素和木质素，木质素对于维持茎秆机械强度具有明显的作用（Jones et al.，2001；Zhu et al.，2004；王丹等，2016）。纤维素（cellulose）是地球上最丰富的植物多糖，以微纤丝（microfibril）形式存在，它是由几十个（1→4）β-D- 葡聚糖链沿其长度方向相互以氢键结合形成的拟晶体。不同植物细胞壁的一个共同特点是，微纤丝在细胞壁的不同层次中的方向都互不相同。这一特点使得细胞壁获得了在任意方向上都具有很高机械强度的力学效果。纤维素对茎秆抗倒伏能力具有显著贡献，但人们并未从分子水平上深入研究这一问题（Li et al.，2003）。本书对小麦茎秆纤维素组织进行了化学定位，采用微波辅助加热酸浸提法提取了小麦茎秆纤维素，通过扫描电镜（SEM）对小麦茎秆纤维素形貌结构进行了表征，利用傅里叶变换红外光谱（FTIR）、X 射线衍射（XRD）分析了茎秆纤维素光谱性能，从纤维素的角度研究了不同小麦品种的抗倒伏性，对小麦新品种的选育和实现小麦高产、稳产、优质有着重要的意义。

6.1 材料与方法

6.1.1 材料来源

试验材料‘矮抗 58’‘郑麦 9023’‘豫麦 18 号’‘平安 6 号’‘温麦 6 号’‘周麦 18 号’均来自河南科技学院小麦中心，采样时间为 2011 年 5 月 13 日。

6.1.2 小麦茎秆纤维素的组织化学定位

茎秆纤维素的组织化学定位方法采用 Calcofluor 染色法（Li et al.，2003），具体步骤如下：①取新鲜的小麦茎秆，单面徒手切片（约 20μm）；②选取厚薄均匀的切片，用 0.005% 的水溶性 Calcofluor 试剂（fluorescent brightener 28，Sigma）染色 3min；③在 80i 高级多功能研究型生物显微镜（TE2000-S，日本尼康公司）下观察、拍照，激发和阻断滤色镜分别为 FT365 和 LP420。

6.1.3　小麦茎秆纤维素的提取

将小麦茎秆洗净，放入干燥箱中低温干燥。干燥后的小麦茎秆去除茎节，留下节间，将节间放入微型植物粉碎机中粉碎过筛后，按照孙晓锋等（2010）的方法，加入冰醋酸和硝酸的混合液（80% 的冰醋酸和 20% 硝酸，固液比为 1∶25），采用微波辅助加热酸浸提取法提取纤维素，低温干燥后备用。

6.1.4　小麦茎秆纤维素的形态结构分析

采用 FEI Quanta 200 型环境扫描电子显微镜在环境真空模式下观察纤维素的形态结构。电镜观察条件，电压 20.00kV，压力 0.016Pa，放大倍数 400 倍。

6.1.5　小麦茎秆纤维素的红外光谱分析

采用傅里叶变换红外光谱仪（TENSOR27，德国 BRUKER 公司）和溴化钾压片法进行测试。将 2mg 纤维素样品与 200mg 的溴化钾充分混合，经过反复研磨后转入模具中，抽成真空，加压制成透明片，测试范围 4000～400cm^{-1}。根据测定得到的红外光谱图，按式（6-1）和式（6-2）计算红外结晶指数（何艳峰等，2007）。

$$\text{沃康诺指数（O'KI）}=A_{1429}/A_{893} \tag{6-1}$$

$$\text{纳耳森沃康诺指数（N·O'KI）}=A_{1372}/A_{2900} \tag{6-2}$$

式中，A_{1429}、A_{893}、A_{1372}、A_{2900} 分别为红外光谱图中波数为 1429cm^{-1}、893cm^{-1}、1372cm^{-1}、2900cm^{-1} 谱带吸收强度。式（6-1）和式（6-2）为经验公式，没有明确的物理意义，但可以用来表征纤维素结晶度的变化。

6.1.6　小麦茎秆纤维素的 X 射线衍射分析

采用日本理学公司生产的 D/Max 2500 型 X 射线衍射仪对样品进行分析。分析条件：Cu 靶，自动单色器滤波，波长 1.540 56Å，管压 40kV，管流 200mA，在 10°～50° 进行扫描，扫描速度 5°/min。根据 X 射线衍射谱图，借助 Origin 7.5 软件的高斯函数对结晶叠合峰和非结晶叠合峰进行分解，计算出峰面积，根据式（6-3）计算纤维素的结晶度（李龙和盛冠忠，2009）。

$$X_d=\left[1-\frac{S_a}{S_a+S_p}\right]\times 100\% \tag{6-3}$$

式中，S_a 为无定型峰的峰面积之和；S_p 为结晶峰的峰面积之和。

6.2 结果与分析

6.2.1 不同品种纤维素的组织化学显色分析

小麦茎秆组织中细胞壁纤维素的分布情况可以通过组织化学技术进行检测。图 6-1 为用 Calcofluor 试剂染色后利用倒置显微镜拍摄的组织显微荧光照片，结果发现在整个横切面的各种组织中均有纤维素的分布，但荧光强度不一，在维管束区域尤为强烈。此外，通过比较不同小麦茎秆横切面的纤维素荧光，可以比较纤维素含量的相对高低（Li et al.，2003）。6 个待测小麦品种茎秆切片的荧光强度从强到弱依次为‘矮抗 58’‘郑麦 9023’‘周麦 18 号’‘温麦 6 号’‘平安 6 号’‘豫麦 18 号’。‘矮抗 58’的纤维素含量最高，为 22.51%。‘矮抗 58’‘郑麦 9023’‘周麦 18 号’具有较强的抗倒伏能力，抗倒伏小麦茎秆的纤维素含量相对较高。

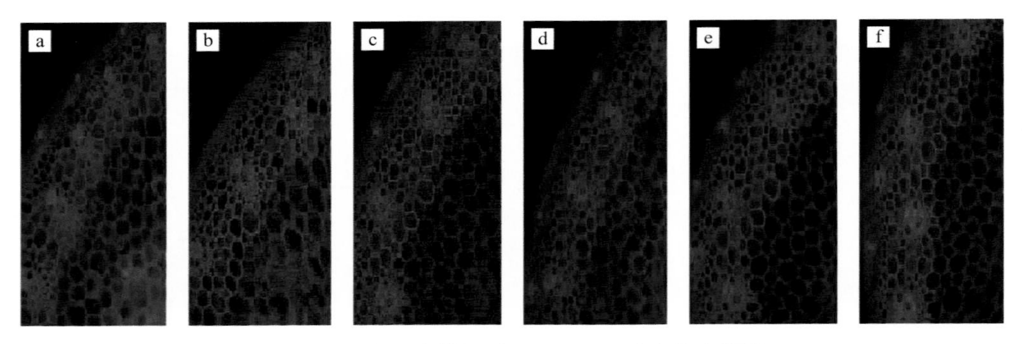

图 6-1　小麦茎秆横切片 Calcofluor 荧光染色照片

a. 矮抗 58；b. 温麦 6 号；c. 平安 6 号；d. 豫麦 18 号；e. 周麦 18 号；f. 郑麦 9023

6.2.2 纤维素的形态结构

采用扫描电镜（SEM）观察纤维素的形态结构，6 种小麦茎秆纤维素的形貌特征相同，图 6-2 为从‘周麦 18 号’小麦茎秆中提取的纤维素扫描电镜照片（放大 400 倍）。

从 SEM 照片可以看出，茎秆纤维素的纵向表面不平整，大部分细胞壁上有裂纹，可以看到样品中链状结构的纤维素大分子。纤维素分子并肩排列，在每两条链状结构之间还存在着一些微细结构，它们连接着两条纤维素分子，从而形成结构更复杂的结晶或类结晶的纤维丝，纤维丝的结晶区可能是 β-D- 葡萄糖区，而中央的结晶区则可能是甘露糖或木糖的存在部位，非结晶的或结晶程度差的表面区包围着中央的结晶核。

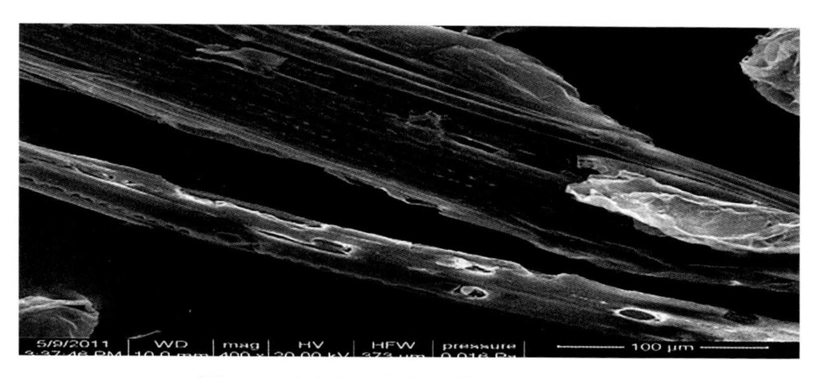

图 6-2　小麦茎秆扫描电镜照片（400×）

6.2.3　不同品种纤维素的傅里叶变换红外光谱（FTIR）分析

从不同小麦品种茎秆提取的纤维素的红外光谱基本相同，但在细微处仍有差别，图 6-3 是 6 种小麦茎秆纤维素的红外光谱图，具有典型的纤维素的光谱特征，其中谱图中 3439cm^{-1} 附近的吸收峰是—OH 的伸缩振动吸收，是所有纤维素的特征谱带；2985cm^{-1} 处的吸收峰归属为 C—H 的伸缩振动；1612cm^{-1} 的吸收峰归属为 C═O 的伸缩振动；1360cm^{-1} 处的吸收峰为 C—H 的弯曲振动；1135cm^{-1} 处的强吸收峰可归属为 C—O 的伸缩振动；993cm^{-1} 附近的吸收峰是纤维素中醚键的特征峰；870cm^{-1} 为环状 C—O—C 不对称面外伸缩振动产生的特征峰，木质素的特征吸收峰（Stewart et al.，1997）（1510cm^{-1}）没有出现，说明纤维素中不含木质素，提取的小麦茎秆纤维素的纯度很高。

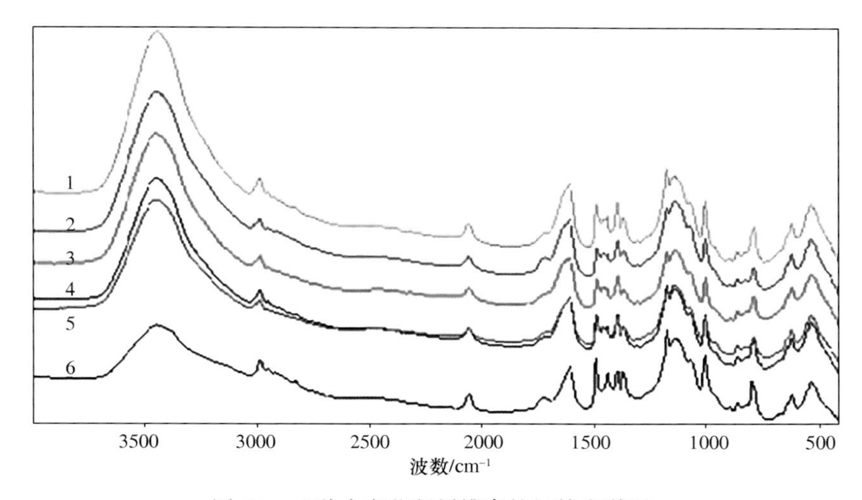

图 6-3　6 种小麦茎秆纤维素的红外光谱图

1. 周麦 18 号；2. 温麦 6 号；3. 平安 6 号；4. 豫麦 18 号；5. 矮抗 58；6. 郑麦 9023

6.2.4 纤维素的 X 射线衍射光谱特征

纤维素是由结晶区和无定形区交错结合形成的复杂体系，采用 X 射线照射样品，具有结晶结构的物质会发生衍射并形成具有一定特征的 X 射线衍射谱。图 6-4 是 6 种小麦茎秆纤维素 X 射线衍射谱图，可以用来研究纤维素的内部微观结构。6 种茎秆纤维素 X 射线衍射谱的形状基本相同，吸收峰的位置非常接近，从图 6-4 可以看出，小麦茎秆纤维素的衍射曲线具有很高的分辨率，衍射峰的 2θ 角分别为 15.4°、22.0°、34.4°。$2\theta=22.0°$ 附近出现的是 002 面衍射的极大峰值，$2\theta=34.4°$ 附近的小峰为 004 面衍射的衍射强度，即结晶区的衍射强度，$2\theta=15.5°$ 附近出现的衍射峰为无定形区的衍射强度，小麦茎秆纤维素特征衍射峰与棉纤维特征衍射峰对应的 2θ 角位置（15.1°、22.6°、34.7°）十分接近，说明小麦秸秆纤维素结晶体具有典型的纤维素 Ⅰ 的结构（孙居娟等，2006；刘福娟和黄莉茜，2007）。

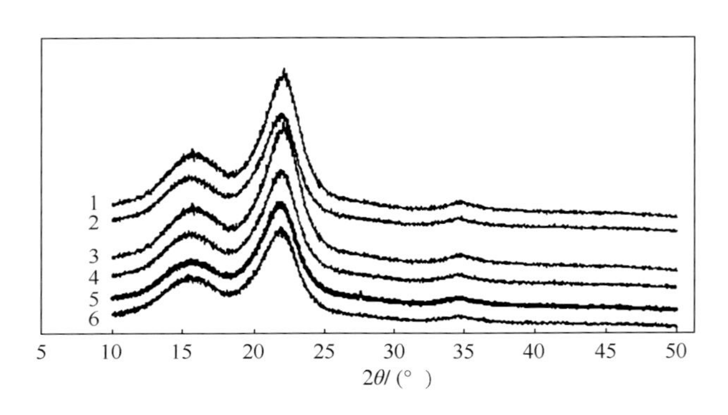

图 6-4　6 种小麦茎秆纤维素 X 射线衍射谱

1. 周麦 18 号；2. 郑麦 9023；3. 矮抗 58；4. 平安 6 号；5. 温麦 6 号；6. 豫麦 18 号

6.2.5 纤维素的红外结晶指数与结晶度和抗倒伏性分析

纤维素的红外结晶指数与结晶度反映了纤维素形成结晶的程度，红外结晶指数越大，结晶程度越高。结晶度是指纤维素结晶区占纤维素整体的百分比，它反映纤维素聚集形成结晶的程度（Sang et al.，2005）。根据小麦茎秆纤维素的红外光谱图、X 射线衍射谱图及式（6-1）～式（6-3）可以计算出小麦茎秆纤维素的沃康诺指数（O'KI）、纳耳森沃康诺指数（N · O'KI）和结晶度。小麦茎秆的倒伏指数（冯素伟等，2009）是植株重量、重心高度和茎秆机械强度的综合体现，可以用来准确、可靠地评价小麦茎秆材料的抗倒伏性。倒伏指数越小，抗倒性越强。表 6-1 列出了茎秆纤维素的红外结晶指数和结晶度以及小麦茎秆的倒伏指数（倒伏指数来自河南科技学院小麦中心）。

表 6-1　6 种小麦茎秆纤维素的红外结晶指数、结晶度及茎秆倒伏指数

样本	O'KI	N · O'KI	结晶度 /%	倒伏指数
矮抗 58	1.25	0.98	74.47	0.45
豫麦 18 号	1.18	0.86	72.21	0.89
平安 6 号	1.20	0.79	72.99	0.86
温麦 6 号	1.21	0.90	72.41	0.86
郑麦 9023	1.27	1.03	74.91	0.71
周麦 18 号	1.28	1.06	75.04	0.54

从表 6-1 可以看出，6 种小麦茎秆纤维素的红外结晶指数和结晶度的变化基本一致。研究表明，纤维素大分子的排列一般存在两种状态，即某些局部区域为结晶态的结晶区，一些区域为非结晶态的非晶区（阿里漫，2010）。结晶区中纤维大分子有规律地整齐排列，比较整齐密实，缝隙、孔洞少，分子之间互相接近的各个基团的结合力互相饱和。同理，纤维中大分子不呈结晶态的非晶区，其中大分子排列比较紊乱，堆砌比较疏松，有比较多的缝隙与孔洞，密度较低，联系力量小，没有完全饱和（刘继华等，1996）。纤维素结晶度较高时纤维吸湿较困难，机械强度较高，形变较小；结晶度较低时易于吸湿，易于染色，并表现出机械强度较低，形变较大。因此，茎秆纤维素的结晶度可以作为表征茎秆中纤维素机械强度的一个物理量。从表 6-1 可以看出，不同小麦品种所表现出来的抗倒伏能力不同，红外结晶指数与结晶度高时，倒伏指数较小。小麦茎秆纤维素的结晶度可能和倒伏指数存在某种联系，但小麦茎秆纤维素的结晶度仅能说明纤维素的强度，倒伏指数则是小麦茎秆各种组分、性能的综合体现，其中可能包括木质素、纤维素、小麦茎秆高度和小麦茎秆节间距等因素。‘郑麦 9023’‘周麦 18 号’‘矮抗 58’的结晶指数、结晶度都较高，倒伏指数较小，抗倒伏能力较强。小麦茎秆纤维素的结晶度有可能成为抗倒伏品种选育的一个重要指标，小麦茎秆纤维素的结晶度和倒伏指数之间的定量关系需要进一步的研究。

6.3　结　　论

纤维素组织化学分析表明，高抗倒伏品种小麦茎秆纤维素的含量高；扫描电子显微镜（SEM）观察可知，6 种茎秆纤维素的纵向表面不平整，大部分细胞壁上有裂纹，可以看到样品中链状结构的纤维素大分子；傅里叶变换红外光谱分析可知，不同小麦品种茎秆纤维素的红外光谱具有典型的纤维素特征，所提取的纤维素纯度较高，不含木质素；X 射线衍射光谱分析表明，小麦茎秆纤维素结晶体具有典型的纤维素 I 的结构，不同小麦品种茎秆纤维素的结晶度不同，抗倒伏小麦茎秆纤维素的结晶度较高。抗倒伏小麦茎秆纤维素的含量高，结晶度高，结晶度可以用来表征小麦茎秆纤维素的强度，也有可能成为衡量小麦茎秆质量的重要指标之一。

参考文献

阿里漫. 2010. 棉纤维微观结构及与纤维性能的关系. 中国纤检, 30 (13): 80-82.

冯素伟, 李笑慧, 董娜. 2009. 小麦品种百农矮抗 58 茎秆特性分析. 河南科技学院学报, 37 (4): 1-3.

何艳峰, 李秀金, 方文杰. 2007. NaOH 固态预处理对稻草中纤维素结构特性的影响. 可再生能源, 25 (5): 31-34.

李龙, 盛冠忠. 2009. X 射线衍射法分析棉秆皮纤维结晶结构. 纤维素科学与技术, 17 (4): 37-40.

刘福娟, 黄莉茜. 2007. 竹纤维素的结构表征. 纤维素科学与技术, 15 (4): 43-48.

刘继华, 尹承佾, 孙清荣. 1996. 棉花纤维发育过程中细胞壁超分子结构的变化及与纤维强度的关系. 作物学报, 22 (3): 325-330.

孙居娟, 田俊莹, 顾振亚. 2006. 竹原纤维与竹浆纤维结构和热性能的比较. 天津工业大学学报, 25 (12): 37-40.

孙晓锋, 王海洪, 胡永红. 2010. 秸秆纤维素的一步快速提取和水解. 高等学校化学学报, 31 (9): 1901-1904.

王丹, 丁位华, 冯素伟, 等. 2016. 不同小麦品种茎秆特性及其与抗倒性的关系. 应用生态学报, 27 (5): 1496-1502.

Crook M J, Ennos A R. 1995. The effect of nitrogen and growth regulators on stem and root characteristics associated with lodging in two cultivars of winter wheat. J. Exper. Bot., 46 (8): 931-938.

Jones L, Ennos A R, Turner S R. 2001. Cloning and characterization of irregular xylem4 (*irx4*): a severely lignin-deficient mutant of *Arabidopsis*. The Plant Journal, 26 (2): 205-216.

Li Y H, Qian Q, Zhou Y H. 2003. Brittle Culml, which encodes a COBRA-like protein, affects the mechanical properties of rice plants. Plant Cell, 15: 2020-2031.

Oh S Y, Yoo D I, Shin Y, et al. 2005. Crystalline structure analysis of cellulose treated with sodium hydroxide and carbon dioxide by means of X-ray diffraction and FTIR spectroscopy. Carbohydrate Research, 340 (15): 2376-2391.

Stewart D, Yahiaoui N, Mc Dougall G J, et al. 1997. Fourier-transform infrared and Raman spectroscopic evidence for the incorporation of cinnamaldehydes into the lignin of transgenic tobacco (*Nicotiana tabacum* L.) plants with reduced expression of cinnamyl alcohol dehydrogenase. Planta, 201 (3): 311-318.

Zhu L, Shi G X, Li Z S. 2004. Anatomical and chemical features of high-yield wheat cultivar with reference to its parents. Acta. Bot. Sin., 46 (5): 565-572.

第7章　不同小麦品种抽穗后植株抗倒伏性的变化规律

小麦倒伏是制约小麦高产和优质的主要因素之一（朱新开等，2006），从抽穗至成熟均可发生倒伏（Niu et al.，2016）。许多研究结果表明，小麦抗倒伏性与株高（Kelbert et al.，2004）、第二节间特性（郭翠花等，2010；冯素伟等，2012a）、茎秆结构（王芬娥等，2009；冯素伟等，2012a）、茎秆化学成分（范文秀等，2012）、茎秆活力（冯素伟等，2012b）、田间管理措施（魏凤珍等，2008）及生长发育时期（Niu et al.，2016）等因素有关。小麦抗倒伏研究大多集中于小麦抽穗后某个或某些时期，如灌浆期（李晴祺，1998；陈晓光，2011）、成熟期（肖世和等，2002）等，对抽穗期至成熟期连续进行观测分析的研究较少，且对小麦群体的抗倒伏性变化规律研究较少（Niu et al.，2012）。小麦的产量性状是以群体的形式存在的，虽然个体对群体有一定的影响，但并不能全面反映群体的某些特征（凌启鸿，2000）。牛立元等（2012）对小麦花后至成熟的整个生育阶段茎秆强度进行了研究，认为单茎最大抗倒伏强度出现的时间是开花期，而群体最大抗倒伏强度则出现在灌浆期。对于小麦花后抗倒伏性变化的研究尚不统一，有必要对小麦生育后期单茎及群体茎秆的抗倒伏性变化规律进行研究，为大田生产提供技术支撑，进而避免或减轻不同时期倒伏造成的危害。

7.1　材料与方法

7.1.1　试验材料

试验材料选用生产中大面积种植的小麦品种‘百农160’‘周麦22号’‘温麦6号’‘矮抗58’‘周麦26号’‘周麦18号’共计6个品种，供试材料均由河南科技学院小麦中心提供。

7.1.2　试验设计与方法

试验在河南省新乡县郎公庙镇河南科技学院小麦育种基地进行，试验田土质为中壤，肥力中等。供试材料于2013年10月8日播种，随机区组设计，3次重复，小区面积12m^2，13行区。返青期结合灌水追施尿素225kg/hm^2，其他管理同一般大田生产。

7.1.3 测定项目与方法

7.1.3.1 茎秆基本性状的测定

籽粒灌浆的中后期，每处理随机取 20 个单茎。测定小麦茎秆基部第二节间长和粗（用直尺和游标卡尺分别测出节间长度和粗度）、穗重、单茎鲜重、茎秆重心高度（茎基部到该茎平衡点的距离）。

7.1.3.2 单茎、群体抗倒伏强度测定

小麦单茎抗倒伏强度，利用自制的作物抗倒伏强度电子测定仪（牛立元等，2011）的钩形探头进行测定。从开花期开始，每 7 天取样一次，直至成熟。选择有代表性的单茎，将其旗叶从叶鞘部位去除，缓慢水平拉动距地面 2/3 茎秆高度部位使植株弯曲至与地面呈 45° 时的测定值，即为该单茎的抗倒伏强度，单茎抗倒伏强度的单位为牛顿（N）。每种材料测定 20 个单茎，取其平均值。

群体抗倒伏强度的测定方法与单茎抗倒伏强度的测定方法相似。将电子抗倒伏强度测定装置换成专用的大“U”形探头，探头长 30cm，测定的截面群体均匀一致，品种间无差异。调整测定装置的高度使其探头对准待测群体高度的 2/3 部位，缓慢水平向前推动植株使其弯曲与地面呈 45° 时所测的力即为群体的抗倒伏强度，单位为牛顿 / 米（N/m）；测定值越大，抗倒伏能力越强。每种材料测定 10 个点，取其平均值。

7.1.3.3 茎秆抗折力的测定

茎秆抗折力的测定采用下压法，取基部第二节间（去叶鞘），两端放于间隔 5cm 的支撑架的凹槽内，用自制的作物茎秆抗倒伏强度测定仪的“V”形探头向下缓慢用力下压，使茎秆折断所用的最大力即为该茎秆的抗折力。

7.1.3.4 品种倒伏指数的计算

参考王勇和李晴祺（1998）提出的品种倒伏指数来衡量供试材料抗倒伏性的相对强弱。品种倒伏指数越小，表示该品种的抗倒伏能力越强；反之，越容易倒伏。

$$\text{品种倒伏指数} = \text{茎秆鲜重}(FW) \times \text{茎秆重心高度}(H) / \text{基部第二节抗折力}(S) \quad (7\text{-}1)$$

7.1.4 数据处理

试验结果以平均值表示，采用 DPS 2000 和 Excel 2003 进行有关数据的处理、分析。

7.2　结果与分析

7.2.1　不同生育时期小麦倒伏指数及变化

不同小麦品种花后倒伏指数变化如图 7-1 所示。从中可以看出，6 个小麦品种中‘矮抗 58’与‘周麦 18 号’的倒伏指数在抽穗后的整个生育阶段均保持较小数值，说明其抗倒伏性较强。虽然‘周麦 22 号’的倒伏指数变化较大，但相对较低，抗倒伏性较强。‘温麦 6 号’的倒伏指数较大，在花后 21 天的籽粒充实期达到高峰（倒伏指数为 0.6315），如遇风雨发生倒伏的概率较大。

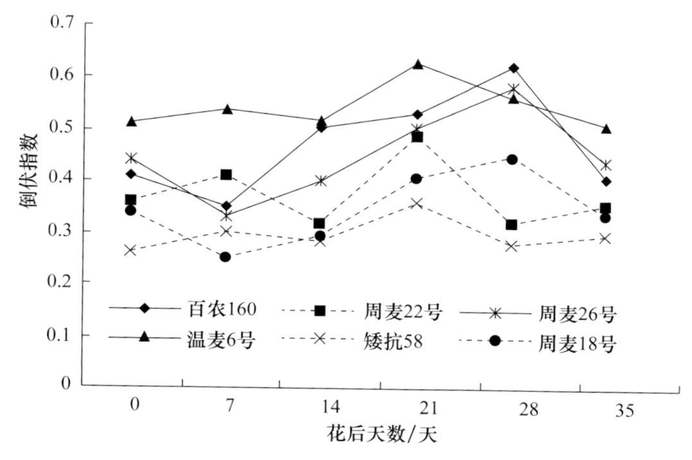

图 7-1　小麦不同品种花后倒伏指数变化

对参试的 6 个品种相同时期的结果取平均值并绘制成图 7-2。由此可以看出，小麦植株倒伏指数随生育期推进呈“S”形规律变化，抽穗开花期倒伏指数在 0.38 左右，花后 7 天即籽粒灌浆初期倒伏指数呈下降趋势，随后上升。籽粒灌浆末期至乳熟期达高峰，因此，此期是小麦最易发生倒伏的关键时期，此后植株倒伏指数又下降直至成熟。鉴于倒伏指数与花后天数之间的关系，建立倒伏指数与花后天数的一元三次曲线方程，相关系数达到了极显著水平（$R^2=0.9288$，$P<0.01$），说明拟合性较好。

7.2.2　不同生育时期小麦单茎抗倒伏强度及变化

从图 7-3 可以看出，不同小麦品种之间的单茎抗倒伏强度存在较大差异，且达到了显著水平（$F=52.684$，$P<0.01$），但抽穗后的各个时期均呈现规律性变化，即随着生育期的推进单茎抗倒伏强度呈递减趋势。‘百农 160’和‘周麦 22 号’的单茎抗倒伏强度较大，说明其单茎茎秆抗倒伏性较强，‘周麦 26 号’与

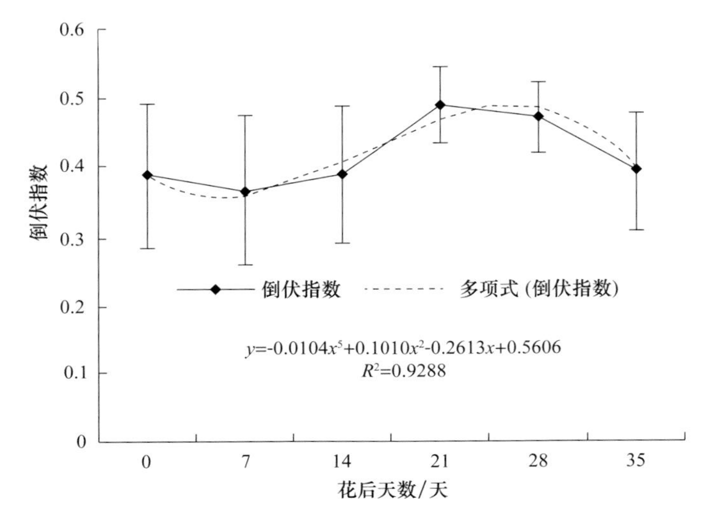

图 7-2　小麦花后倒伏指数变化及拟合曲线

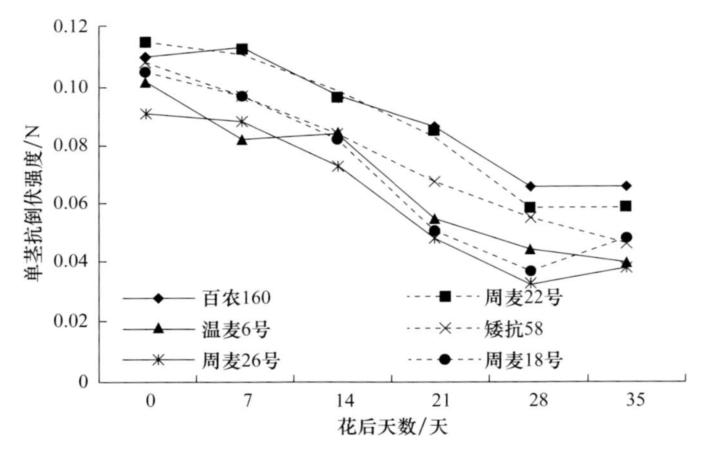

图 7-3　不同小麦品种花后单茎抗倒伏性变化

‘温麦 6 号’的单茎抗倒伏强度较小，而‘周麦 18 号’自灌浆盛期后其单茎抗倒伏强度下降较快，乳熟期又有所提高。

为更好地分析小麦单茎抗倒伏强度的变化趋势，将 6 个品种的单茎抗倒伏强度平均并绘制成图 7-4。从中可以看出，小麦单茎抗倒伏强度随着花后生育期的推进呈明显递减趋势，抽穗至灌浆初期为缓慢下降阶段，灌浆初期至灌浆盛期为急剧下降阶段，进入籽粒充实阶段，单茎抗倒伏强度又趋于缓慢下降阶段。总体来看，抽穗后的整个生育阶段，小麦单茎抗倒伏强度的变化速度呈现“慢—快—慢”的规律。单茎抗倒伏强度随花后天数的变化规律可用一元三次方程拟合，其决定系数达到了极显著水平（$R^2=0.9964$，$P<0.01$），说明拟合性较好，利用此三阶方程拟合小麦单茎抗倒伏强度随时间变化的过程是可行的。

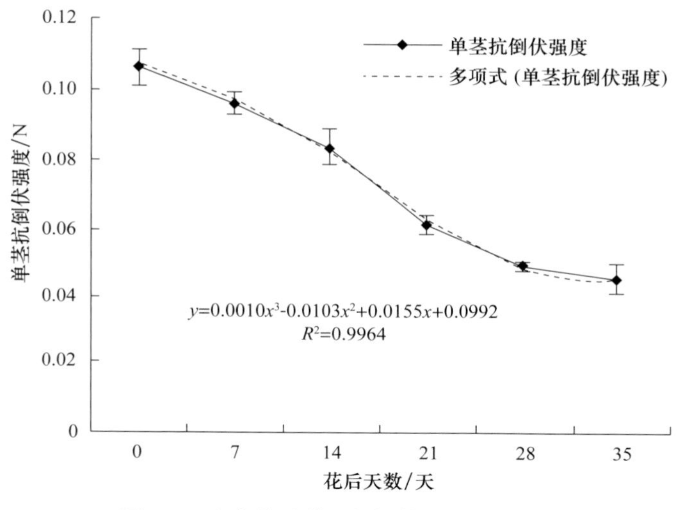

图 7-4　小麦花后单茎抗倒伏强度及拟合曲线

7.2.3　不同生育时期小麦群体抗倒伏强度及变化

群体抗倒伏强度仍然采用自制的抗倒伏强度测定仪进行测定，从图 7-5 可以看出，不同品种间的植株群体抗倒伏强度有较大差异（F＝14.027，P＜0.01），‘矮抗 58’的群体抗倒伏强度在花后的整个生育阶段均保持较高的数值，说明其群体抗倒伏性较强，其次为‘百农 160’。‘温麦 6 号’与‘周麦 26 号’的群体抗倒伏强度较小，这与测定的单茎抗倒伏强度结果相一致。

取不同品种同一时间的群体抗倒伏强度的平均值进行曲线分析，结果如

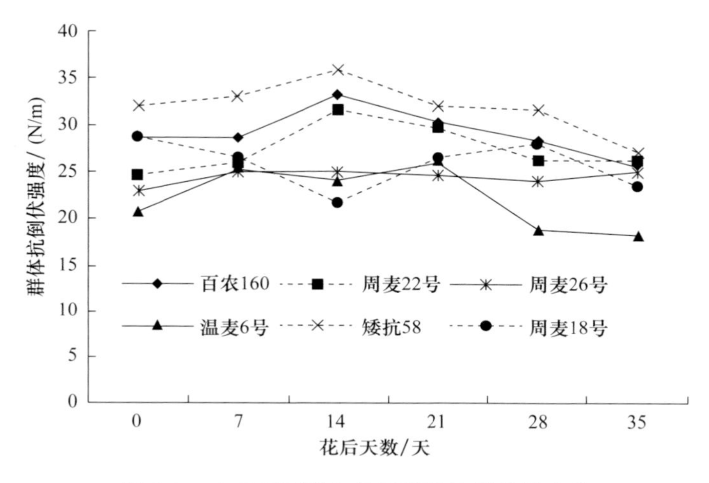

图 7-5　小麦不同品种花后群体抗倒伏性变化

图 7-6 所示。抽穗开花期小麦植株的群体抗倒伏强度较小，随着生育期推进有上升趋势，灌浆盛期达到高峰，说明此期小麦植株群体抗倒伏性较强，同等条件下，不易发生倒伏，至灌浆末期群体抗倒伏强度又趋于下降。因此，小麦植株群体抗倒伏强度大致呈现“先升后降”的趋势。依据群体抗倒伏强度和花后天数的关系，用一元三次方程拟合，决定系数达到了极显著水平（$R^2=0.9684$，$P<0.01$），拟合性较好，小麦植株花后群体抗倒伏强度随时间的变化可用此拟合公式拟合。

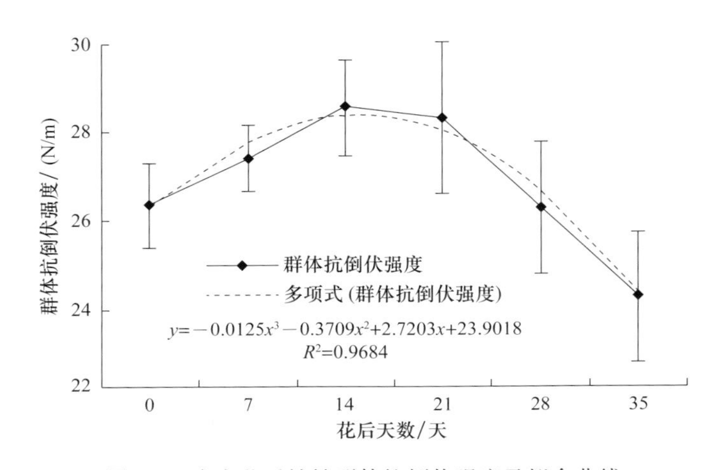

图 7-6　小麦花后植株群体抗倒伏强度及拟合曲线

7.2.4　小麦抗倒伏指标间的相关关系

为更好地分析小麦植株茎秆特性与抗倒伏指标之间的关系，将测定的小麦茎秆特性与抗倒伏指标进行相关分析，结果如表 7-1 所示。

表 7-1　小麦茎秆特性及抗倒伏指标之间的相关关系

	基部第二节长	基部第二节粗	重心高度	群体抗倒伏强度	单茎抗倒伏强度	倒伏指数
基部第二节长	1	0.150	0.351	0.059	0.219	0.416
基部第二节粗	0.150	1	−0.414	0.592	0.834**	0.028
重心高度	0.351	−0.414	1	−0.573	−0.172	0.619*
群体抗倒伏强度	0.059	0.592	−0.573	1	0.789**	−0.454
单茎抗倒伏强度	0.219	0.834**	−0.172	0.789**	1	0.022
倒伏指数	0.416	0.028	0.619*	−0.454	0.022	1

* 表示 $P<0.05$，** 表示 $P<0.01$

从相关分析结果来看，小麦茎秆特性与抗倒伏指标间存在着一定的相关关系，第二节粗与单茎抗倒伏强度之间存在极显著的正相关关系，即第二节越粗，单茎抗倒伏强度越大。同时单茎抗倒伏强度与群体抗倒伏强度间也存在极显著的正相关关系，说明单茎抗倒伏强度越大，其群体抗倒伏强度越大。因此，可以用单茎抗倒伏强度估测小麦群体抗倒伏强度。而通过公式换算的茎秆倒伏指数与重心高度呈显著正相关，说明植株重心高度越高，其倒伏指数越大，抗倒伏性越差。因此，在生产中应尽量降低植株重心高度，增强基部节间粗度，减小倒伏概率。

7.3　结　　论

小麦群体是由许多小麦单茎高度聚集而形成的，单茎的许多特性，特别是抗倒伏性必然在群体水平有所体现，但两者又不可能完全一致。大田倒伏表现的是群体的特征，单茎抗倒伏强度虽然与群体抗倒伏强度之间有显著的正相关关系，但并不能全面反映大田群体的抗倒伏性变化规律。本研究中，小麦从抽穗开花至成熟的整个生育后期，单茎抗倒伏强度与群体抗倒伏强度出现高峰值的生育时期不一致。单茎的最大抗倒伏强度出现在抽穗开花期，这与王勇和李晴祺（1998）的研究结果一致。在开花期及灌浆初期，由于小麦茎秆强度较大、重心高度较低，茎秆抗倒伏强度较大，同等条件下，此期较少发生倒伏现象。但随着生育期的推进，单茎抗倒伏能力呈现逐渐下降的趋势。而小麦群体抗倒伏强度在开花初期较小，随着灌浆的持续，群体抗倒伏强度增加，至籽粒灌浆盛期达到高峰，此期植株生长旺盛，因而群体抗倒伏性较强，这与牛立元等（2012）的研究结果一致。籽粒充实期，群体抗倒伏性急剧下降，直至成熟，这与测得的单茎抗倒伏强度结果一致，与茎秆贮存物质外运、茎秆强度变小有关，后期叶片逐渐枯萎下披、株间影响变小都可能导致群体抗倒伏性下降（李晴祺，1998；肖世和等，2002）。相关分析表明，群体抗倒伏强度与单茎抗倒伏强度呈极显著正相关关系，而单茎抗倒伏强度强度与第二节特性有密切的关系。计算的倒伏指数与茎秆的重心高度呈显著正相关，而单茎、群体抗倒伏强度均与重心高度呈负相关关系，这与测定的结果一致。从茎秆抗倒伏性变化曲线的拟合结果来看，小麦茎秆单茎、群体抗倒伏强度的变化规律可用相应的一元三次多项式拟合，决定系数均达到极显著水平，拟合度较高。说明茎秆单茎、群体的抗倒伏强度随生育期的推进呈现规律性变化，可根据变化趋势制定强秆抗倒伏措施，降低倒伏概率。

本试验用自制的便携式作物抗倒伏强度电子测定仪测定小麦单茎、群体抗倒伏强度，不影响小麦在田间的正常生长。从测定结果来看，在参试的 6 个品种中，‘矮抗 58’‘周麦 22 号’‘周麦 18 号’的整体抗倒伏性较强，用仪器测定的单茎、群体抗倒伏强度与计算的倒伏指数结果是一致的，证明用仪器便捷地测定小麦茎秆抗倒伏强度是可行的，可在田间破坏较小的前提下，准确地测定、评价品种的抗倒伏性，省时省力。此方法比较适用于抗倒伏育种的早代选择、品系鉴定及外界因素对茎秆抗倒伏性影响的研究，为品种选育及制定抗倒伏措施提供参考依据。

参 考 文 献

陈晓光. 2011. 小麦茎秆特性与倒伏关系及调控研究. 泰安: 山东农业大学博士学位论文.

范文秀, 侯玉霞, 冯素伟, 等. 2012. 小麦茎秆抗倒伏性能研究. 河南农业科学, 41 (9): 31-34.

冯素伟, 李淦, 胡铁柱, 等. 2012a. 不同小麦品种茎秆抗倒性的研究. 麦类作物学报, 32 (6): 1055-1059.

冯素伟, 姜小苓, 胡铁柱, 等. 2012b. 不同小麦品种茎秆显微结构与抗倒强度关系研究. 中国农学通报, 28 (36): 57-62.

郭翠花, 高志强, 苗果园. 2010. 不同产量水平下小麦倒伏与茎秆力学特性的关系. 农业工程学报, 26 (3): 151-155.

李晴祺. 1998. 冬小麦种质创新与评价利用. 济南: 山东科学技术出版社.

凌启鸿. 2000. 作物群体质量. 上海: 上海科学技术出版社.

牛立元, 邓月娥, 茹振钢, 等. 2011. 便携式作物抗倒伏强度测定仪. 中国: ZL 201120213849.9.

王芬娥, 黄高宝, 郭维俊, 等. 2009. 小麦茎秆力学性能与微观结构研究. 农业机械学报, 40 (5): 92-95.

王勇, 李晴祺. 1998. 小麦品种茎秆的质量及解剖学研究. 作物学报, 24 (4): 452-458.

魏凤珍, 李金才, 王成雨, 等. 2008. 氮肥运筹模式对小麦茎秆抗倒性能的影响. 作物学报, 34 (6): 1080-1085.

肖世和, 张秀英, 闫长生, 等. 2002. 小麦茎秆强度的鉴定方法研究. 中国农业科学, 35 (1): 7-11.

朱新开, 王祥菊, 郭凯泉, 等. 2006. 小麦倒伏的茎秆特征及对产量与品质的影响. 麦类作物学报, 26 (1): 87-92.

Kelbert A J, Spaner D, Briggs K G, et al. 2004. The association of culm anatomy with lodging susceptibility in modern spring wheat genotypes. Euphytica, 136 (2): 211-221.

Niu L Y, Feng S W, Ding W H, et al. 2016. Influence of speed and rainfall on large-scale wheat lodging from 2007 to 2014 in China. PLoS ONE, 11 (7): e0157677.

Niu L Y, Feng S W, Ru Z G, et al. 2012. Rapid determination of single-stalk and population lodging resistance strengths and an assessment of the stem lodging wind speeds for winter wheat. Field Crops Research, 139: 1-8.

第三篇

高产抗倒伏小麦品种的选育

第 8 章　高产抗倒伏小麦品种选育策略与方法

20 世纪 90 年代，由于全国小麦单产水平的提高，随之而来的是小麦群体水平不断增大，产生了一系列影响小麦高产稳产的新问题。就黄淮麦区而言，主要表现为品种抗倒伏能力差，倒伏现象时常发生；冻害与倒春寒频发，品种抗冻耐寒性不够；品种的综合抗病性不强（图 8-1）等突出问题；同时，随着小麦机械化收割的迅速普及，对小麦的抗倒伏、易脱粒提出了更高的要求。虽然通过控制播种密度、调控肥水运筹等管理措施（中国农业科学院豫北小麦组，1958；朱新民，1959；龚有锐，1982；井长勤等，2003；李金才等，2005；魏凤珍等，2008；王成雨等，2012；张明伟等，2018）及利用植物生长调节剂等来降低小麦植株高度、缩短基部节间长度、增加基部节间健壮程度等方式可以提高小麦的抗倒伏性（段景勤和张鹏武，1984；袁剑平等，1993；刘爱华，1997；李双庆和李生秀，2005；陈晓光等，2011；邵庆勤等，2018），减少倒伏的发生，但培育和选用高产抗倒伏小麦品种是减少小麦倒伏发生的最简单有效的方式（中国农业科学院豫北小麦组，1958；朱新民，1959；龚有锐，1982）。只有培育出高产稳产、综合性状突出的小麦品种，才能满足农民对优良品种的需求，促进河南及全国小麦单产与总产水平的同步提高，实现河南乃至黄淮南部麦区大面积普遍增产（茹振钢等，2015）。近些年来，在国家科技支撑计划项目（2011BAD07B02）、国家重点基础研究发展计划项目（2012CB114300）、河南省重点科技攻关计划（重点）项目、河南省重大科技专项、河南省成果转化项目等的资助下，育成了以‘矮抗 58’为代表的系列小麦新品种，对抗倒伏新品种选育理论及评价方法进行了较长期的研究与实践。小麦品种‘矮抗 58’以高产、优质、抗病、抗倒伏等良好的综合生产性状受到广大农民朋友的欢迎。本章以高产抗倒伏小麦‘矮抗58’为例，介绍高产抗倒伏品种的基本选育过程。

图 8-1　20 世纪 90 年代小麦生产中的突出问题

8.1　育种目标及亲本选配方案

8.1.1　育种目标

20 世纪 90 年代至 21 世纪初，我国小麦平均产量为 3851.3kg/hm^2，植株普遍较高，平均株高为 80～90cm，生产中倒伏风险较大，育种工作者希望通过矮化育种降低植株高度，提高小麦的抗倒伏能力，进而实现高产稳产；但植株过度矮化也会产生一定的副作用，如部分矮秆品种由于根系问题，灌浆后期容易出现早衰现象，抵御高温、干旱的能力下降，千粒重降低；大多数矮化品种为弱冬性、大穗亲本资源的血统，抗寒性较弱，且品种的分蘖成穗能力较弱等。因此，在抗倒伏育种中不能一味追求矮化，选育抗倒伏品种的同时必须解决高产、优质、抗寒及防止早衰等方面问题。在‘矮抗 58’品种的选育初期，我们根据当时的小麦生产实际水平制定了矮秆抗倒伏、穗多高产、抗寒广适的基本育种目标，以期选育半冬性、小叶多穗、中早熟、大田产量为 8250～9000kg/hm^2、高水肥条件下具有 10 500kg/hm^2 的产量潜力、8 级大风不倒伏、越冬期－16℃无冻害，并具备良好抗病性的小麦品种。结合黄淮麦区的生态特点和品种需求，制定了配套的小麦高产育种策略。

1）丰产性：育种目标较当地主推品种增产 8% 以上，较区试对照品种增产 5% 以上。

2）稳产性：在不同生态区域、不同年际间，小麦产量相对稳定，受环境条件的影响不大。

3）抗逆性：对逆境有较好的抗性，如抗倒伏、抗冻、抗倒春寒等，能够在黄淮麦区多地推广，生产应用广泛。

4）抗病性：对黄淮麦区流行的主要病害具有不同程度的抗性，如白粉病、条锈病、赤霉病及目前发病率较高的茎腐病和纹枯病等。

5）广适性：适应黄淮麦区多地的生态环境，抗耐性强，对环境的稳定指标不敏感。

8.1.2　亲本选配方案

选择优良亲本是获得目标品种的关键，在抗倒伏育种中，杂交亲本不但要携带抗倒伏基因，而且需聚合较多的优异性状。‘矮抗 58’亲本选配的策略为增穗、壮秆、强根、优化品质和聚合抗性。从种质资源库选择优良亲本资源，摸清了解亲本遗传背景，最终从 1289 份亲本材料中，研究筛选出最佳组配亲本——‘温麦 6 号’‘郑州 8960’‘周麦 11 号’。

‘温麦 6 号’属半冬性中熟品种，苗期生长健壮，耐寒性好，分蘖成穗率高，一般为 675 万穗 /hm^2 左右，以穗多为高产优势。优点：株型紧凑，半矮秆，抗倒伏性好；幼穗分化前期慢，后期快；后期叶面积指数大，具有良好的光合产物积累性能；灌浆高峰出现早，日增长量大，粒重稳定。不足：旗叶干尖，感纹枯病和条锈病。

‘郑州 8960’属半冬性，中秆多穗，抗条锈病、白粉病和纹枯病。该材料继承了其亲本‘郑州 891’的高抗条锈病、‘郑州 831’的高抗白粉病的优良性状，对寒、旱等自然灾害有很好的综合抗逆力，稳产性好，但晚熟，产量潜力不高。

‘周麦 11 号’属春性，冬前生长稳健，具有高光效的叶部性状。灌浆中后期根系活力好；功能叶持续时间长，叶绿素含量高且下降速度慢，叶片内可溶性糖含量高、转化快，有利于饱满籽粒的快速形成。‘周麦 11 号’高抗条锈、叶锈、白粉病，垂直根系发达，但成穗较少，苗期抗寒性较差。

8.1.3 选育标准

在组配的杂交后代中选择目标性状优良的新品系，筛选的新品系应符合以下标准。

1. 实现高产稳产

半冬性，小叶多穗，中早熟，大田产量为 8250～9000kg/hm^2，高水肥条件下具有 10 500kg/hm^2 的产量潜力。

2. 解决高产大群体易倒伏的技术难题

抗倒伏品种具有茎秆组织结构紧实、壁厚、外壁细胞层数多等优良性状。株高适中，在群体增加的同时，仍能通过坚韧的茎秆提高植株抗倒伏能力，从而解决大群体易倒伏的难题。

3. 解决小麦矮秆品种易早衰的技术难题

对稳定品系分别采用根系观测箱、观察墙、根系走廊手段全程动态跟踪，实现地上、地下部性状的同步选择。选择根系横向分布较多、较长、生育后期颜色浅、支根多、根系发达的品种（系）降低生育后期的根倒伏概率。应用酸碱适应性鉴定技术（胡海燕等，2009）对根系活力连续定向选择，增强其对不同土壤酸碱性环境的适应能力，保持生育后期较强的根系活力，解决矮秆易早衰的难题。

8.2 选育过程

1996～1997 年，配置‘温麦 6 号’/‘郑州 8960’的单交组合；种植单交 F_1；以‘周麦 11 号’为母本，以单交 F_1 为父本进行复交，获得复交 F_1（图 8-2）。

1997～1998 年，种植复交 F_1，并从复交 F_1 开始全面选择，获得高产抗倒伏优良组合。

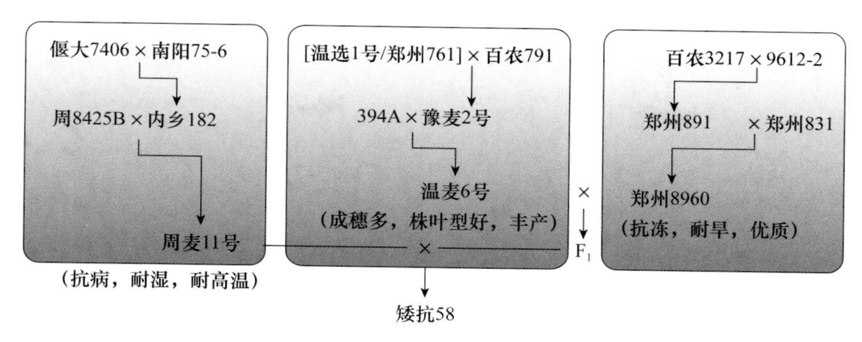

图 8-2　矮抗 58 的亲本选配及系谱图

1998～2001 年，对复交分离世代大群体实行分层次逆境选择，包括早播选择抗寒性和纹枯病的避病性；拔节期大肥大水，结合茎秆抗倒伏强度测定，选择抗倒伏性；创造田间高湿环境，鉴定人工推力条件下茎秆的承重能力。对产量结构进行均数平衡选择，选择公顷穗数、穗粒数和千粒重同时大于等于群体平均数的单株或品系（表 8-1）。

表 8-1　矮抗 58 及其姊妹系与亲本的主要农艺性状

品种（系）	株高 /cm	穗长 /cm	小穗数 / 个	不孕小穗数 / 个	穗粒数 /（粒 / 穗）	千粒重 /g	单株穗数 /（穗 / 株）
矮抗 58	64.63D	9.28D	21.26A	1.29B	54.78A	45.70B	6.70B
百农丰收 60	64.89D	8.91E	20.30B	1.52B	50.96A	45.25B	6.52B
百农 4330	51.82E	10.38B	21.15A	2.00A	48.33A	39.32C	5.63B
温麦 6 号	73.11C	9.97C	21.26A	2.11A	51.41A	44.37B	7.26B
周麦 11 号	76.11B	10.51B	21.78A	1.52B	54.00A	51.17A	7.26B
郑州 8960	82.52A	10.97A	20.22B	0.07C	50.02A	50.58A	10.22A

注：表中数据为 3 次重复的平均值，每一性状数据后不同大写字母表示品种（系）间有极显著差异（P<0.001）

2001～2002 年的 F_5，按品系种植，并采用 pH 4.0～9.0 的水培处理法，筛选对酸碱环境适应能力强的兼性根系。观察幼穗发育规律，选择与黄淮麦区生态条件相吻合的优异品系。于灌浆期测定光合速率和植株抗倒伏性能，选择耐早衰、抗倒伏类型，最后筛选出代号为 5245-5248 的新品系，其系谱号为 97（11）0-45-2-2，综合性状表现优良、遗传稳定、抗倒伏能力强，命名为‘矮抗 58’。‘矮抗 58’小麦品种的基本选育过程及单株表现如图 8-3 所示。

‘矮抗 58’的抗倒伏性鉴定利用了小麦数字化试验风洞和便携式小麦抗倒伏强度电子测定仪专利技术，从个体和群体两个水平对抗倒伏性进行了双重鉴定与定向选择（Niu et al.，2012）。传统抗倒伏研究多采用田间取样后带回实验室检测的方法，费时费力，且对试验的整体性有一定的破坏性。采用便携式小麦抗倒

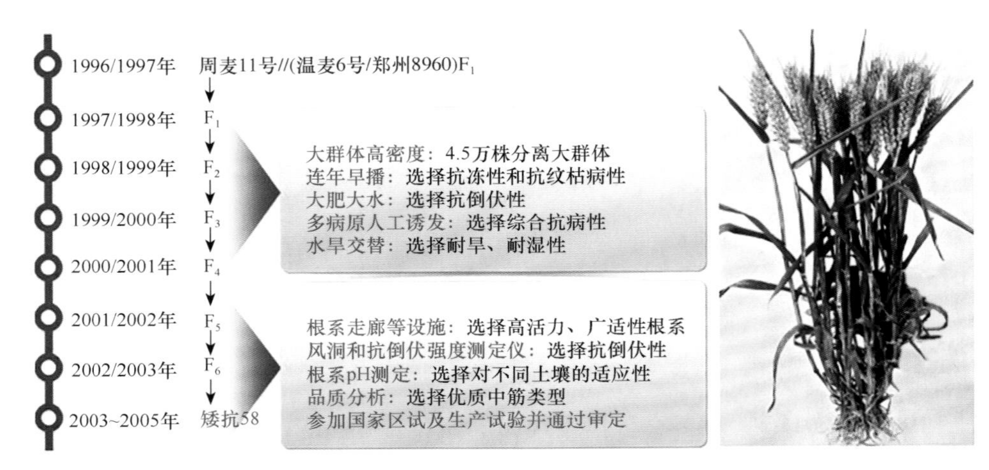

图 8-3　矮抗 58 选育过程及单株表现

伏强度电子测定仪对选育的新品系进行测定，方便快捷，可及时评价小麦单茎和群体的抗倒伏性能。单茎、群体抗倒伏强度与株高和重心高度呈显著或极显著负相关关系，这与普通方法测定的倒伏指数所反映的结果一致，从而证明用仪器便捷地测定小麦茎秆抗倒伏强度是可行的。

一般认为茎秆粗壮、株高较低、根系发达的小麦抗倒伏性较强，但小麦自身的生物学特征受环境条件的影响而有较大差异，特别是水肥措施对茎秆特性的影响较大，进而影响小麦的抗倒伏性能。杂交后代在 F_2 代以后即可运用肥水运筹法调控小麦群体的大小和植株的形态特征，进行抗倒伏性鉴定。肥水调控的关键时期在返青起身期，此期小麦茎节开始伸长，即将进入生长高峰期，此时若肥水过大，则可能出现茎节过度伸长导致茎节细弱，增加春生分蘖数、延迟两极分化期，从而导致群体过大，影响个体发育。因此，返青起身期大水大肥是诱导小麦后期倒伏的重要方法，氮肥施用量为普通施肥量的 2 倍，灌水采用田间大水漫灌，肥料随水撒施。

筛选出来的抗倒伏性较强的高代品系，开花后在数字化风洞实验室检测群体的抗倒伏性能（图 8-4）。将培育出的新品系按照大田的行距和播量播种于塑料箱内，生育期水肥及病虫害防治管理同一般高产田，开花后移至数字化风洞实验室，通过模拟自然界大风，评估新品系的抗倒伏性能。

8.3　‘矮抗 58’选育的主要成效

‘矮抗 58’属半冬性中熟小麦品种。幼苗匍匐，冬季叶色淡绿，叶短上冲，分蘖力强。春季生长稳健，蘖多秆壮，叶色浓绿。株型半松散，叶片半披，株高 70～75cm。穗纺锤形，长芒、白壳、白粒，籽粒短卵形、半角质、黑胚率

图 8-4　群体抗倒伏性实验室鉴定方法（风洞试验法）

低，商品性好。后期叶功能好，根系活力强，耐高温、耐阴雨、耐湿害，抗干热风，籽粒灌浆充分，成熟落黄好。2005 年通过国家品种审定（审定编号：国审麦 2005008）。

8.3.1　育成矮秆高产多抗广适小麦新品种

8.3.1.1　品种高产稳产

‘矮抗 58’生产种植，每公顷穗数一般在 675 万穗以上；最大叶面积指数 11.59；最大光合速率（31.72±0.62）μmol/（m^2 · s）；收获指数 0.502。产量在 8250～9750kg/hm^2，连续两年参加国家区试，比对照‘温麦 6 号’分别增产 5.36% 和 7.66%。国家生产试验，产量居参试品种第一位，14 个试点均增产。连续 3 年 52 个万亩（1 亩≈666.7m^2，后文同）生产示范方平均产量超 9000kg/hm^2（9112.5kg/hm^2）。小面积高产攻关（长垣县 7.2 亩）创黄淮麦区同时期同面积高产纪录（11 823kg/hm^2）；3 万亩连片平均产量为 9174kg/hm^2，创国内同等面积高产纪录（表 8-2）。

表 8-2　矮抗 58 主要高产试验汇总表

试验	年度	产量
国家黄淮冬麦区南部区试	2003～2005 年	较对照温麦 6 号分别增产 5.36% 和 7.66%
国家生产试验	2004～2005 年	7 614kg/hm^2，较对照温麦 6 号增产 10.1%
兰考 50 亩攻关田	2007～2011 年	10 725kg/hm^2
3 年 52 个万亩生产示范方	2008～2011 年	9 112.5kg/hm^2
鹤壁市 3 万亩连片	2010 年	9 174kg/hm^2
长垣县 7.2 亩高产攻关田	2011 年	11 823kg/hm^2

自 2005 年审定以来，‘矮抗 58’在河南、安徽、江苏、山东和陕西等省推

广，实现了大面积均衡增产，促进了黄淮麦区小麦品种更新换代，实现了大面积均衡增产。截至 2013 年，累计种植 1.86 亿亩。

8.3.1.2 品种矮秆抗倒伏

小麦矮秆基因专指 *Rht*（*reduced height*）基因，*Rht* 基因是降低株高的主效矮秆基因，是小麦生产和矮化育种过程中利用最为广泛的基因，是矮化育种对象的主要供体。*Rht* 基因具有降低小麦植株高度，增强小麦抗倒伏能力，甚至增加小麦粮食收获指数的功能，但不同的 *Rht* 基因具有不同的特征，对小麦植株生长的影响也各不相同。降秆效应最强的是显性遗传的 *Rht* 基因，降秆效应较强的为对赤霉素敏感的 *Rht* 基因，降秆效应最弱的是隐性遗传并对赤霉素不敏感的 *Rht* 基因（孙正娟等，2011）。笔者课题组利用赤霉素反应和分子标记检测了'矮抗 58'及其亲本'周麦 11 号''温麦 6 号''郑州 8960'的矮秆基因。'郑州 8960'为赤霉素敏感型，携带 *Rht8* 基因，其他 3 个品种对赤霉素不敏感；而'周麦 11 号'和'温麦 6 号'分别携带 *Rht8-B1b* 和 *Rht8-D1b* 基因（表 8-3）（王刚等，2012）。

表 8-3 矮抗 58 及其亲本矮秆基因的分子检测及 GA_3 检测结果

品 种	*Rht8-B1b*		*Rht8-D1b*		*Rht8*	GA_3
	Mu	Wt	Mu	Wt	192bp	
矮抗 58	−	+	+	−	−	I
周麦 11 号	+	−	−	+	−	I
温麦 6 号	−	+	+	−	−	I
郑州 8960	−	+	+	−	−	S

注："+"表示有扩增产物，"−"表示无扩增产物；"I"表示对赤霉素不敏感，"S"表示对赤霉素敏感；"Mu"表示突变型，"Wt"表示野生型

'矮抗 58'基部节间短粗，秆壁较厚，倒伏指数小，抗倒伏性强，在同期审定的品种中抗倒伏性表现最为突出，实现了高产稳产。经环境扫描电镜分析，'矮抗 58'基部茎节壁厚、外壁细胞层数多，抗倒伏性强（图 8-5）。

'矮抗 58'茎秆坚韧，弹性好，抗倒伏性强。自培育以来，先后经受过多次大风、大雨的考验，2004 年 5 月，在新乡、漯河进行品种示范，示范点雨后大风，其他品种均有倒伏发生，只有'矮抗 58'没有发生倒伏现象。2005 年 5 月底，在陕西泾阳刮起了 8 级大风，'矮抗 58'仍然没有倒伏，实收产量 9000kg/hm^2。经田间实际测定，'矮抗 58'开花期至成熟期群体最大抗倒伏强度为 37.40～64.83N/m，最大抗倒伏风速 18.09～23.82m/s（阵风 8～9 级），与大田抗倒伏情况基本一致，抗倒伏能力显著大于对照小麦品种，自大规模投入生产以来没有发生大面积倒伏现象（图 8-6）（Niu et al.，2012）。

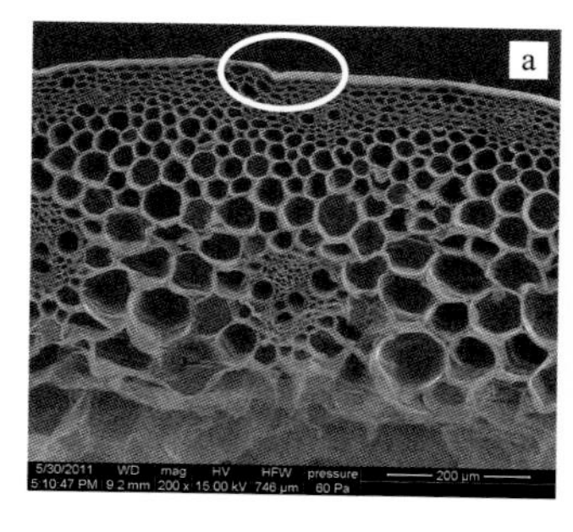

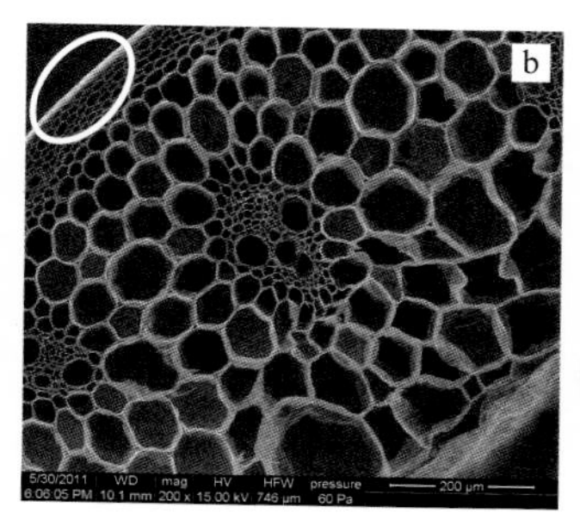

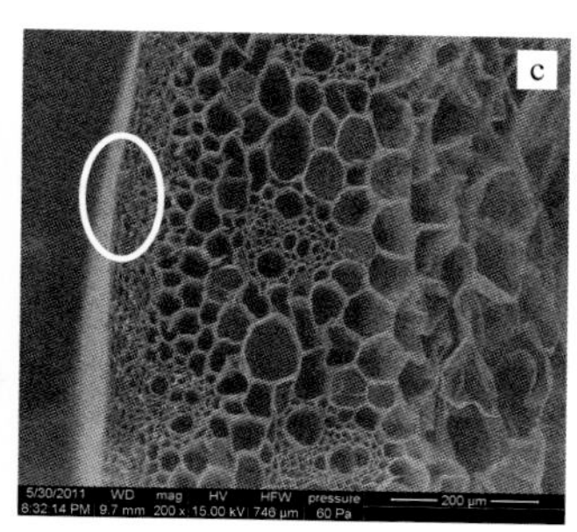

图 8-5　茎秆基部节间机械组织电镜观察照片

a. 矮抗 58；b. 温麦 6 号；c. 周麦 18 号

图 8-6　矮抗 58 株型及抗倒伏性比较

8.3.1.3　耐低温、耐旱能力强

2006～2012 年河南安阳出现－15.5℃的极端低温，‘矮抗 58’未受冻害。生产应用至今均表现出越冬安全、拔节安全、孕穗安全（图 8-7）。

越冬期根深达 2.4m 以上，较对照品种根深增加 30～40cm。2008～2009 年和 2010～2011 年，黄淮麦区遭遇了大范围严重的冬春连旱和长期低温，在此不利环境条件下，‘矮抗 58’仍然能够正常生长，高产稳产（图 8-8）。

8.3.1.4　综合抗病能力强

高抗条锈、秆锈和白粉病，中抗纹枯病。携带抗条锈病基因 *YrZH84*；高抗白粉病流行小种有 Bg1、Bg2、Bg4、E05、E09 和 E23（李洪杰等，2011）。

8.3.1.5　品质优良

具有“1，7＋8，5＋10”优质高分子量谷蛋白亚基。优质中筋，品质稳定，可用于中强筋专用粉生产（农业部中国小麦质量报告，2009～2011 年）。蒸煮品质好，2011 年农业部小麦质量现场鉴评综合评分 88 分，为面条小麦第一名。

图 8-7 小麦抗冻性对比（新乡，2005 年冬）

图 8-8 小麦苗期耐旱性对比（新乡，2009 年春）

8.3.2 为矮秆育种提供一个优异的亲本材料

截至 2013 年，‘矮抗 58’已被河南省农业科学院小麦研究所、周口市农业科学院、洛阳市农林科学院、开封市农业科学院、河南丰德康种业股份有限公司等 66 家育种单位加以利用，育成审定品种 3 个，2013 年区试参试品系 89 个，促进了矮秆高产品种的选育。

8.3.3 创新育种选择方法，提升抗性选育水平

在品种选育过程中，率先使用或创新了一系列品种选育方法并被多家育种单位使用。首创便携式抗倒伏强度电子测定仪和小麦数字化试验风洞，实现了在试验和大田条件下对小麦单株与群体抗倒伏强度的无损定量测定，具有直接、快捷、客观、定量的特点。设计建造地下根系观察走廊等成套根系观察设施（图 8-9），可实现地上植株性状与地下根系性状的同步选择，直观、简便、有效。率先利用

图 8-9　根系性状观察设施

a. 观察箱；b. 观察墙；c. 观察走廊

根系组织液 pH 测定方法，评价小麦对土壤酸碱性的适应能力。

在‘矮抗 58’小麦品种的选育过程中，通过创新和综合采用多种选育手段成功地解决了困扰高产抗倒伏育种的 4 个重要技术难题。在高产大群体选择的基础上，将抗倒伏性精确测定与茎秆组织结构分析等传统方法相结合，对杂交后代连续进行抗倒伏性强化选择，选择小叶、多穗、茎秆抗倒伏性强的类型，解决了高产大群体易倒伏的难题。通过综合运用观察箱、观察墙、观察走廊等多种根系观察设施以及根系组织液 pH 测定等方法，对小麦地上植株性状和地下根系性状同步选择，选择根系活力好、后期叶功能好、成熟期耐湿害和高温危害、抗干热风、籽粒灌浆充分类型，解决了矮秆品种易早衰的难题。利用优质亚基亲本，选择携带“1，7+8，5+10”优质高分子量谷蛋白亚基组合，通过多穗保高产、强势籽粒保优质，解决了高产品种品质不优和品质稳定性差的难题。通过自然逆境和人工逆境增压选择，聚合抗冻、抗病、耐旱等多种优良性状，增加品种的稳产性和广适性，解决了高产品种稳产性与广适性难以结合的技术难题。

参考文献

陈晓光, 石玉华, 王成雨, 等. 2011. 氮肥和多效唑对小麦茎秆木质素合成的影响及其与抗倒伏性的关系. 中国农业科学, 44 (17): 3529-3536.

段景勤, 张鹏武. 1984. 小麦喷施三十烷醇的效果. 山西农业科学, (1): 33.

龚有锐. 1982. 小麦的倒伏和防止措施. 湖北农业科学, (9): 4-6.

胡海燕, 茹振钢, 李淦, 等. 2009. 小麦幼苗根系 pH 对酸、碱逆境的应答. 江苏农业学报, 25 (1): 33-37.

井长勤, 周忠, 张永. 2003. 氮肥运筹对小麦倒伏影响的研究. 徐州师范大学学报, 21(4): 46-49.

孔德真, 聂迎彬, 桑伟, 等. 2017. 多效唑、矮壮素对杂交小麦及其亲本矮化效应的研究. 中国农学通报, 34 (35): 1-6.

李洪杰, 王晓鸣, 宋凤景, 等. 2011. 中国小麦品种对白粉病的抗性反应与抗病基因检测. 作物学报, 37 (6): 943-954.

李金才, 尹钧, 魏凤珍. 2005. 播种密度对冬小麦茎秆形态特征和抗倒指数的影响. 作物学报, 31 (5): 662-666.

李双庆, 李生秀. 2005. 多效唑对旱地小麦一些生理、生育特性及产量的影响. 植物营养与肥料学报, 11 (1): 92-98.

刘爱华. 1997. 小麦新品种毕麦 10 号及其高产栽培技术. 耕作与栽培, (8): 32-33, 39.

茹振钢, 冯素伟, 李淦. 2015. 黄淮麦区小麦品种的高产潜力与实现途径. 中国农业科学, 48 (17): 3388-3393.

邵庆勤, 周琴 王笑, 等. 2018. 种植密度对不同小麦品种茎秆形态特征、化学成分及抗倒性能的影响. 南京农业大学学报, 41 (5): 808-816.

孙正娟, 高庆荣, 王茂婷, 等. 2011. *Rht10* 基因对鲁麦 15 农艺性状和光合生理特性的影响. 西北植物学报, 31 (3): 525-530.

王成雨, 代兴龙, 石玉华, 等. 2012. 氮肥水平和种植密度对冬小麦茎秆抗倒性能的影响. 作物学报, 38 (1): 121-128.

王刚, 胡铁柱, 李小军, 等. 2012. 小麦新品种百农矮抗 58 及其亲本矮秆基因的检测. 河南农业科学, 41 (9): 22-25.

魏凤珍, 李金才, 王成雨, 等. 2008. 氮肥运筹模式对小麦茎秆抗倒性能的影响. 作物学报, 34 (6): 1080-1085.

袁剑平, 刘华山, 彭文博, 等. 1993. 多效唑对小麦形态和某些生理特性的影响的研究. 河南农业大学学报, 27 (1): 16-20.

张明伟, 马泉, 丁锦峰, 等. 2018. 密度与肥料运筹对迟播小麦产量和茎秆抗倒能力的影响. 麦类作物学报, 247 (5): 84-92.

中国农业科学院豫北小麦组. 1958. 关于防止小麦倒伏的几点意见. 中国农业科学, (8): 429-430.

朱新民. 1959. 小麦倒伏问题的探讨. 安徽农业大学学报, (2): 43-50.

Niu L Y, Feng S W, Ru Z G, et al. 2012. Rapid determination of single-stalk and population lodging resistance strengths and an assessment of the stem lodging wind speeds for winter wheat. Field Crops Research, 139: 1-8.

第四篇

小麦抗倒伏性评价的理论与方法

第 9 章　小麦抗倒伏性测定装置的设计及其应用

小麦抗倒伏性测定与评价是小麦育种及品种推广中最重要的基础性工作。长期以来，小麦品种培育及生产工作者设计了多种抗倒伏性测定装置或方法并应用于小麦抗倒伏的评价和研究。目前，市场上可用于小麦抗倒伏强度测定的仪器或装置，根据其力学原理可分为两种类型。一是利用推拉力计向小麦茎秆垂直施加一定的拉力或推力，测定使茎秆弯曲至一定角度（如 45°）时所需要的力。小麦茎秆弯曲至特定角度所需要的拉力或推力越大，则茎秆强度越大，相应的小麦品种抗倒伏能力就越强。秆强测定器（DIK-7400，Daike Soil & Moisture）就属于这种类型。该装置采用弹簧拉力计，通过夹持装置夹住茎秆的特定部位并向其施加一定的推力，测定使茎秆弯曲至与地面呈一定角度时所能够承受的力。该装置由于采用弹簧作为测力机构，灵敏度和精度较低，也不能自动记录数据。二是利用弹簧秤或压力计测定茎秆的机械强度，将茎秆基部节段两端水平放置于高 10cm、间隔 5cm 的木制凹槽上，将弹簧秤挂钩或压力计探头对准茎秆节段中间部位下拉或下压测定茎秆折断时所能够承受的最大临界压力。临界压力越大，茎秆的抗倒伏能力就相对越强。目前也有一些相关的专利，如专利号为 CN97216391 的“谷类作物茎秆抗倒伏强度微电脑测定仪”（胡建东等，1998），利用测力探头、弹簧测力单元、数据显示装置设计了一套能够测定作物抗倒伏强度，并能将测试数据储存下来的抗倒伏装置；专利号为 CN200620135138 的“一种玉米茎秆强度测量装置”（胡建东，2007）提供了一种带茎秆夹持装置的茎秆强度测定仪；专利号为 CN101923022A 的发明专利（赵春江等，2012）提供了一种由茎秆夹持单元、测量单元、数据处理单元和输入单元 4 个部分组成的手持式作物抗倒伏强度测定装置，该装置能够在田间条件下测定作物受力弯曲时所承受的压力和角度的变化。

纵观目前国内外作物抗倒伏评价方法及所用仪器或装置，发现仍存在一些明显不足。许多相关研究结果表明，小麦抗倒伏能力作为一种综合指标，它与作物的株高（Min，2001）、穗重、节间长度、茎秆粗细、组织结构（Wang et al.，1998；冯素伟等，2012）、化学组分（王健等，2006；范文秀等，2012；杨霞等，2012；王丹等，2016）、小麦管理及生长发育时期（Stapper and Fischer，1990；Berry et al.，2000，2003a，2003b）、生长环境（Berry et al.，2000）、品种（Easson et al.，1993；Crook and Ennos，1994）等多种因素均有重要的联系。不仅如此，在这些因素之间，如播种密度与株高、茎秆粗细及节间长度等因素间还存在密切的相互制约关系，播种密度大，则植株就相对较高，茎秆直径相对较细，节间也相对较长。因此，单纯依靠某个或少数几个指标难以客观评价小麦的综合抗倒伏能力。小麦抗倒伏强度除与茎秆机械强度有显著关系外，还与植株高度有重要的联系。单纯的茎秆机械强度不能完全反映作物茎秆的实际抗倒伏能力。现有作物抗倒伏强度测定装置，在结构组成上虽有一定的差异，但其技术核心多是推力或拉力的测定装置，本质上都是力的测定。现有抗倒伏强度测定装置主要存在三方面的问题：一是现有仪器或装置没有提供可供测力装置在水平、垂直等不同方位平稳移动的单元，测力装置作用于被测茎秆的角度、水平高度、移动速度对测定结果都有较大影响，不利于作物抗倒伏强度的准确测定；二是不能测定茎秆的垂直承压强度；三是不能测定作物的群体抗倒伏能力。

作物抗倒伏能力作为一种综合指标，它与作物的株高、穗重、节间长短、茎秆粗细、化学组分及作物生长发育时期等多种因素均有重要的联系。作物抗倒伏强度除与茎秆机械强度有显著正相关关系外，还与植株高度有显著的负相关关系。风是导致作物发生倒伏的最重要外界动力，风沿水平方向垂直施加在作物茎秆上的风荷载超过茎秆基部或根锚（root anchar）能够承受的最大载荷是茎倒伏或根倒伏发生的根本原因。引发作物倒伏的作用力属于杠杆力，茎秆基部所受力的大小与作用力与力臂长度的乘积成正比。在田间自然生长状态条件下，在作物茎秆的一定高度沿水平方向向作物茎秆垂直施加一定强度的推力或拉力，直接测定使茎秆倒伏至一定角度所需要的力可以更真实地反映作物植株整体的抗倒伏能力。从力的测定原理出发，我们设计了两种便携式作物抗倒伏强度测定装置，分别是便携式作物抗倒伏强度电子测定仪（牛立元等，2012）、作物抗倒伏强度快速测定仪（牛立元等，2016），较好地解决了小麦等作物抗倒伏强度的测量问题。

9.1　便携式作物抗倒伏强度电子测定仪及其应用

9.1.1　便携式作物抗倒伏强度电子测定仪的原理及其结构

便携式作物抗倒伏强度电子测定仪的主要特点是以多功能三脚架作为仪器的支撑及田间固定单元。该测定仪由数字显示测力装置、防尘连接板、滚珠导轨、快装板、球铰链、多功能角架（图 9-1）和专用探头 7 个部分组成。数字显示测力装置通过防尘连接板、快装板与球铰链和多功能角架连接成一体。利用滚珠导轨实现测力装置在水平方向的平稳、缓慢移动；利用多功能角架实现测力装置水平高度的调节；利用球铰链实现测力装置水平、垂直不同测定方位的变换；利用楔形、钟形和“U”形三种探头分别实现对小麦、水稻、粟、黍等作物茎秆强度、茎秆垂直承压强度及作物单茎和群体抗倒伏能力的测定。

该仪器的测定原理是利用专门设计的探头沿水平方向向作物茎秆的重心部位

垂直施加一定的拉力（或推力），利用推拉力计测定使植株茎秆弯曲至呈 45° 时所需要的力。作物茎秆弯曲至呈 45° 时所需要的拉力或推力越大，作物的抗倒伏能力则越强。

图 9-1　便携式作物抗倒伏强度电子测定仪结构示意图

a. 数字显示测力装置；b. 防尘连接板；c. 滚珠导轨；d. 快装板；e. 球铰链；f. 多功能角架

9.1.2　便携式作物抗倒伏强度电子测定仪的使用方法

该仪器主要用于在田间、作物自然生长的原始状态条件下，对作物茎秆强度、垂直承压强度及单茎、群体的抗倒伏强度进行测定。本装置有手动测定和计算机同步软件控制测定两种形式。

9.1.2.1　作物单茎抗倒伏强度的测定

作物单茎抗倒伏强度的测定步骤如下。

1）将便携式作物抗倒伏强度电子测定仪放置在待测小麦品种或材料前方 0.25～0.3m 处。

2）旋转球铰链使数字显示测力装置保持在水平状态，并旋转紧固手柄将其锁紧。

3）将钩形探头安装在数字显示测力装置的前部，选择有代表性的单茎，将其旗叶从叶鞘部位去除，调整多功能角架使数字显示测力装置探头高度对准待测单茎距地面 2/3 部位，并使其保持水平状态。

4）将数字显示测力装置随滚珠导轨一起水平向前推出，使钩形探头钩住待测单茎距地面 2/3 部位。

5）选择峰值测定法，按数字显示测力装置 Zero 键使其显示值为零。

6）向操作者身体方向缓慢水平拉动数字显示测力装置使植株弯曲至与地面呈 45° 时停止测定，此时仪器上所显示的测定值，即为该单茎的抗倒伏强度。

抗倒伏强度的单位为克力（gf），每种材料测定 10 个单茎，取其平均值。

9.1.2.2　作物群体抗倒伏强度测定

群体抗倒伏强度的测定方法与单茎抗倒伏强度的测定方法相似（图 9-2）：①将便携式作物抗倒伏强度电子测定仪水平安放在待测小麦群体前方 0.25～0.3m 处；②将大“U”形探头安装在数字显示测力装置的前部；调整数字显示测力装置的高度使其探头对准待测群体冠层高度的 2/3 部位；③握住数字显示测力装置缓慢水平向前推动植株使其倾斜弯曲，当植株倾斜至与地面呈 45° 时仪器上所显示的测定值，即为该待测群体的抗倒伏强度。

图 9-2　便携式作物抗倒伏强度电子测定仪测定小麦群体抗倒伏强度示意图

a. 开始测定前状态；b. 测定结束状态

群体抗倒伏强度评价采用使单位宽度截面小麦群体倾斜弯曲至呈 45° 时所需要的力作为群体抗倒伏强度，单位为 N/m，测定值越大，抗倒伏能力越强。每种材料取其群体的不同位置，平行测定 10 次，取其平均值。

9.1.2.3　作物茎秆垂直承压强度的测定

茎秆垂直承压强度与作物茎秆强度密切相关，测定方法具体操作步骤如下：将钟形探头固定于数字显示测力装置前部的探头安装部位；松开球铰链固定螺丝，将滚珠导轨转至与地面垂直方向；剪去麦穗；将钟形探头对准待测茎秆正上方并将茎秆上端放入钟形探头内，垂直向下缓慢推动测力装置，读取或自动记录不同时刻的压力值。

9.1.2.4 作物茎秆强度及倒伏指数测定

作物茎秆强度（或茎秆抗折力）参考王勇和李晴祺（1995）的方法进行测定。将便携式作物抗倒伏强度电子测定仪放置于工作台上，将“V”形探头安装在数字显示测力装置的前部，旋转球铰链使数字显示测力装置垂直向下；选择峰值测定模式；取茎秆基部第二节间（去叶鞘），将其两端水平放置于高 10cm、间隔 5cm 的木制凹槽上；将探头对准茎秆节段的中部位置均匀用力下压，记录使茎秆折断时所用的力（茎秆强度或抗折力）。植株重心高度和鲜重的测定参考王勇等报道的方法，将茎秆基部至该茎（带穗、叶、叶鞘）平衡支点的距离作为植株重心高度，而将带有穗、叶和叶鞘的完整地上部单茎鲜重作为地上部鲜重。倒伏指数则是指单茎重心高度和地上部鲜重的乘积与茎秆强度之比。

便携式作物抗倒伏强度电子测定仪也可以结合计算机同步软件对上述作物抗倒伏相关指标进行测定，基本测定步骤与手动测定方法相同。不同之处是在计算机同步软件控制方式下可以直接输入记录测定样本的基本信息，能够实时显示并自动记录测定曲线，并可以将数据导入电子表格，方便对测定结果进行处理。

9.2 作物抗倒伏强度快速测定仪及其应用

9.2.1 作物抗倒伏强度快速测定仪的原理及其结构

作物抗倒伏强度快速测定仪（专利号 ZL201410417667.1）与便携式作物抗倒伏强度电子测定仪两者测定原理相似。作物抗倒伏强度快速测定仪设计重点解决了作物抗倒伏强度测定过程中测力装置的快速空间定位以及测力装置测力姿态维持的问题。该仪器主要由数字测力装置、防尘面板、滚珠导轨、防尘连接板、旋转定位盘、圆形标尺杆、地插和专用探头等部件组成（图 9-3）。数字测力装置利用现有的数字推拉力计电路设计而成。数字测力装置固定在防尘面板的前端，通过防尘连接板、旋转定位盘与圆形标尺杆连接成一体。利用滚珠导轨实现数字测力装置在水平方向的平稳、缓慢伸缩移动。圆形标尺杆上标有高度标尺及对应的作物重心高度，可以直接测定被测作物冠层高度并直接读出作物冠层的重心高度。在旋转定位盘的背面有供安装圆形标尺杆的穿孔，在其正面沿顺时针方向 0°～90° 和 180°～270° 有两条弧形的定位槽。利用变更旋转定位盘在圆形标尺杆上固定位置的方式实现对数字测力装置水平高度的调节，利用防尘连接板上两个定位螺丝在旋转定位盘弧形定位槽内的滑动实现数字测力装置水平、垂直测定位置的转换。利用地插实现“测定仪”在旱地、水田不同田间条件下快速定位和固定。利用楔形、钩形和“U”形探头可以分别实现对小麦、水稻、粟、黍等作物茎秆临界折断强度、作物单茎和群体抗倒伏能力的测定。

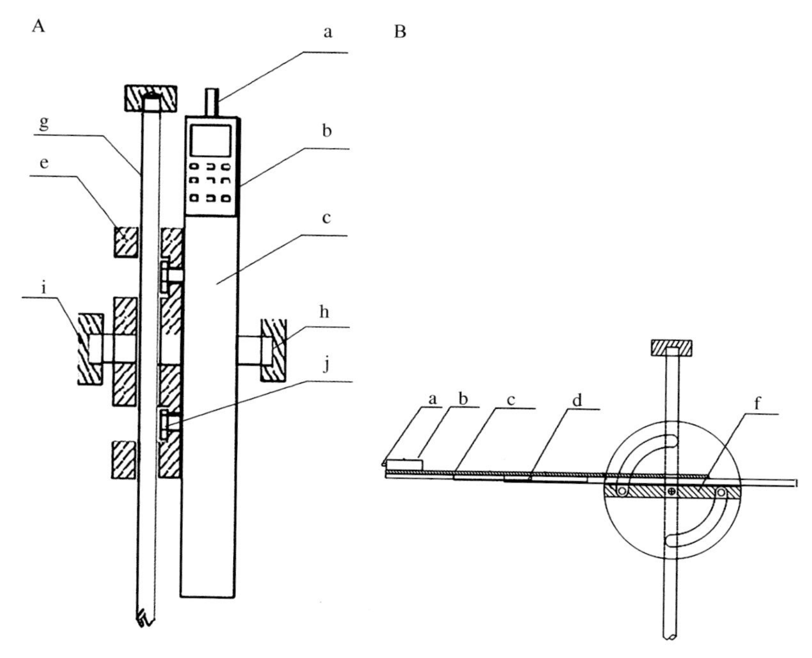

图 9-3　作物抗倒伏强度快速测定仪主要部件结构

A. 作物抗倒伏强度快速测定仪折叠状态；B. 作物抗倒伏强度快速测定仪测量状态。
a. 测力装置安装部位；b. 测力装置；c. 防尘板；d. 滚珠导轨；e. 旋转定位盘；f. 防尘连接板；
g. 圆形标尺杆；h. 旋转定位盘紧固螺丝手柄；I. 旋转定位盘定位螺丝手柄；j. 定位螺丝

9.2.2　作物抗倒伏强度快速测定仪的使用方法

作物抗倒伏强度快速测定仪配合楔形、钩形和“U”形探头也可以分别实现对小麦、水稻、粟、黍等作物茎秆临界折断强度、作物单茎和群体抗倒伏能力的测定，具体使用方法与便携式作物抗倒伏强度电子测定仪基本一致。两者的主要区别是测定仪在田间的定位方式和数字显示测力单元垂直与水平方位的变换方式不同，同时后者自身带有高度标尺和重心高度换算尺，使用方法更为简单、快捷，也可分为手动和计算机同步软件控制两种测定形式，下面主要以手动测定方式为例，说明测定仪的使用方法。

9.2.2.1　作物单茎抗倒伏强度测定

①将钩形探头安装在数字测力装置的前部，将作物抗倒伏强度快速测定仪通过地插垂直固定于待测植株前方约 0.5m 位置；②手握滚珠导轨沿顺时针方向旋转 90°，旋紧防尘连接板紧固螺丝，使数字显示测力装置保持在水平状态；③利用圆形标尺杆上的高度尺测量作物高度，读取对应的重心高度，并通过调整旋转定位盘紧固螺丝将数字显示测力装置调整到对应的植株重心高度部位；④选择峰

值测定法，按数字显示测力装置 Zero 键使其显示值为零；⑤水平推出滚珠导轨至待测植株重心高度部位，用钩形探头钩住待测作物茎秆；⑥保持水平位置、缓慢向操作者方向拉动数字显示测力装置，读取或自动记录不同时刻的拉力值。

9.2.2.2　作物群体抗倒伏强度测定

①将测定作物群体抗倒伏强度专用的大“U”形探头固定到数字显示测力装置前部的探头安装部位，将作物抗倒伏强度快速测定仪通过地插垂直固定于待测植株前方约 0.25m 位置；②手握滚珠导轨沿顺时针方向旋转 90°，旋紧防尘连接板紧固螺丝，使数字显示测力装置保持在水平状态；③利用圆形标尺杆上的高度尺测量作物冠层高度，通过调整旋转定位盘上紧固螺丝的方式将数字显示测力装置调整到对应的作物冠层重心高度部位；④选择峰值测定法，按数字显示测力装置 Zero 键使其显示值为零；⑤将探头对准待测群体冠层重心高度部位，用手握住数字显示测力装置并保持水平缓慢向前推进；⑥记录探头前部植株被推压至与地面夹角为 45° 时数字显示测力装置的读数，作为作物群体的抗倒伏强度。

作物抗倒伏强度快速测定仪也可以用于茎秆抗折力的测定，操作步骤与便携式作物抗倒伏强度电子测定仪相似。

利用计算机同步软件控制方式测定作物单茎、群体抗倒伏强度及茎秆抗折力，基本测定步骤与手动测定方法相同，不同之处是在此状态下可以直接输入记录测定样本的基本信息，能够实时显示并记录测定曲线，并可以将数据导入电子表格，方便对测定结果处理。

作物抗倒伏强度快速测定仪最主要的优点是能够在旱地、水田等不同田间环境条件及作物自然生长的原始状态条件下完成对作物茎秆抗折力、作物单茎和群体抗倒伏强度的快速测定。数字显示测力装置空间定位快，定位准，附带高度标尺和重心高度尺，操作简单，测定结果更为准确。

9.3　结　　论

小麦等作物倒伏的根本原因是茎秆基部所受荷载超过其能够承受的最大载荷，在无风的环境条件下，任何时候作物都不可能倒伏。作物倒伏机制研究结果表明，决定小麦等作物倒伏的因素包括植物自身因素（内因）和风速、降雨等外部环境因素。在植物自身因素中对其抗倒伏强度影响最大的直接因素有 3 种，一是作物茎秆强度，二是作物植株或冠层高度，三是植株重心高度。作物抗倒伏强度与茎秆强度呈显著正相关，而与植株高度呈显著负相关（Niu et al.，2012）。作物茎秆化学组分、基部节间长度和直径等都是通过影响作物茎秆强度间接影响作物的抗倒伏强度。目前，在育种中使用较多的评价方法，如作物茎秆强度评价法（Xiao et al.，2002）、倒伏因子法（Wang and Li，1995）都综合考虑了茎秆强度及高度的影响。除此之外，作物茎秆重心高度对其抗倒伏能力也有重要影响，而穗重在较大程度上也影响重心高度的高低。因此，小麦等作物抗倒伏强度的评价必须从茎秆能够承受的荷载或小麦倒伏临界推力（茎秆强度）的角度进行评价，同时考虑茎秆高度（力臂）及重心高度的影响。

两种作物抗倒伏强度测定仪及其测定方法主要解决了以下几方面的问题：一是作物茎秆强度的准确测量问题；二是统一以作物的重心高度部位作为茎秆强度测定的受力部位，以重心高度部位测量的作物茎秆强度作为待评价作物品种的抗倒伏强度，同时兼顾了作物茎秆强度、茎秆高度和重心高度三方面的影响，有利于不同研究者结果之间的比较；三是以田间作物群体茎秆抗倒伏强度作为小麦等作物抗倒伏能力的指标，从整体上综合考虑了作物播种密度、植株高度、茎秆强度（茎秆基部节间长度和直径）、穗子大小、重心高度、化学组分等多种因素对作物抗倒伏强度的影响以及这些因素间复杂的彼此相互制约关系，统一并简化了作物抗倒伏强度的测量及计算办法。

两种作物抗倒伏强度测定仪除可以用于作物茎倒伏特性评价或研究之外，也可以结合田间浇水，测定浇水前后作物群体茎秆临界抗倒伏强度，对作物根倒伏特性进行评价或研究。另外，通过两种仪器测定的群体临界抗倒伏推力，利用贝努利风速风压转换原理并结合田间作物表观粗糙度长度（后简称表观粗糙度）、风攻角、透风系数等小麦冠层特性可以计算小麦群体倒伏临界风速，以临界倒伏风速直接评价小麦的抗倒伏能力，具体计算方法详见后文。

作物抗倒伏强度测定装置及计算办法来自于育种实践并服务于育种，两种测定装置经试用及改进，目前已经有近 30 套在国内 20 余家育种单位作用，达到了预期的设计目标。作物抗倒伏强度测定装置及测定办法较好地解决了作物育种和大田生产中急需解决的问题，实现了对作物抗倒伏强度的精确、快速测定，同时从整体上考虑了作物茎秆强度、植株高度、重心高度等重要因素对倒伏的贡献及彼此间复杂关系。装置结构及使用方法简单，结果可靠，可广泛应用于小麦、玉米、水稻、粟、黍、油菜等各类作物茎倒伏及根倒伏强度的快速测定与评价。

参 考 文 献

范文秀, 侯玉霞, 冯素伟, 等. 2012. 小麦茎秆抗倒伏性能研究. 河南农业科学, 41 (9): 31-34.

冯素伟, 姜小苓, 胡铁柱, 等. 2012. 不同小麦品种茎秆显微结构与抗倒强度关系研究. 中国农学通报, 28 (36): 57-62.

胡建东, 肖建军, 罗福和. 1998. 谷类作物茎秆抗倒伏强度微电脑测定仪: CN97216391. http: //www.pss-system.gov.cn/sipopublicsearch/patentsearch/ table Search-show Table Search Index.shtml[2018-08-26].

胡建东, 李振峰, 段铁城, 等. 2007. 一种玉米茎秆强度测量装置: CN200620135138. http: //www. pss-system. gov. cn/sipopublicsearch/patentsearch/ tableSearch- show Table Search Index. Shtml [2018-08-26].

牛立元, 邓月娥, 茹振钢, 等. 2012. 便携式作物抗倒伏强度电子测定仪: CN202281723U. http: //www. pss-system. gov. cn/sipopublicsearch/patentsearch/showViewList -jumpToView. shtml [2018-08-26].

牛立元, 邓月娥, 孔德川, 等. 2016. 作物抗倒伏强度快速测定仪: CN104181030B. http: //www. pss-system. gov. cn/

sipopublicsearch/patentsearch/show ViewList-jumpToView. shtml [2018-08-26].
王丹, 丁位华, 冯素伟, 等. 2016. 不同小麦品种茎秆特性及其与抗倒性的关系. 应用生态学报, 27 (5): 1496-1502.
王健, 朱锦懋, 林青青, 等. 2006. 小麦茎秆结构和细胞壁化学成分对抗压强度的影响. 科学通报, 51 (6): 679-685.
王勇, 李晴祺. 1995. 小麦品种抗倒性评价方法研究. 华北农学报, 10 (3): 84-88.
杨霞, 王红娟, 徐文静, 等. 2012. 不同抗倒性小麦品种的茎秆结构及其化学成分和力学特性分析. 河南农业大学学报, 46 (4): 370-373.
赵春江, 王成, 潘大宇, 等. 2012. 手持式作物抗倒伏强度测量装置及其方法: CN101923022A. http: //www. pss-system. gov. cn/sipopublicsearch/ patentsearch/ showViewList-JumpToView. shtml [2018-08-26].
Bauer F. 1964. Some indirect methods of determining the standing ability of wheat. Z. Acker und Pflanzenbau, 119: 70-80.
Berry P M, Griffin J M, Sylvester-Bradley R, et al. 2000. Controlling plant form through husbandry to minimize lodging in wheat. Field Crops Research, 67: 51-58.
Berry P M, Sterling M, Baker C J, et al. 2003a. A calibrated model of wheat lodging compared with field measurements. Agric. For. Meteorol., 119 (3): 167-180.
Berry P M, Spink J H, Foulkes M J, et al. 2003b. Quantifying the contributions and losses of dry matter from non-surviving shoots in four cultivars of winter wheat. Field Crops Research, 80 (2): 111-121.
Crook M J, Ennos A R. 1994. Stem and root characteristics associated with lodging resistance in four winter wheat genotypes. J. Agric. Sci. , 123 (2): 167-174.
Easson D L, White E M, Pickles S L. 1993. The effects of weather, seed rate and genotype on lodging and yield in winter wheat. J. Agric. Sci. , 121 (2): 145-156.
Min D H. 2001. Studies on the lodging resistance with its subtraits of different height wheat varieties and correlation between plant height and yield. J. Triticeae Crops, 21 (4): 76-79.
Niu L, Feng S, Ru Z, et al. 2012. Rapid determination of single-stalk and population lodging resistance strengths and an assessment of the stem lodging wind speeds for winter wheat. Field Crops Research, 139: 1-8.
Stapper M, Fischer R A. 1990. Genotype, sowing date and plant spacing influence on high-yielding irrigated wheat in Southern New South Wales. II: growth, yield and nitrogen use. Aust. J. Agric. Res., 41: 1021-1041.
Wang Y, Li Q Q. 1995. Study on the evaluation method of lodging resistance in wheat. Acta. Agronomica Sinica, 10 (3): 84-88.
Wang Y, Li Q Q, Li C H, et al. 1998. Studies on the culm quality and anatomy of wheat varieties. Acta Agron. Sini., 24: 452-458.
Xiao S H, Zhang X Y, Yan C S, et al. 2002. Determination of resistance to lodging by stem strength in wheat. Agricultural Sciences in China, 1 (3): 280-284.

第 10 章　小麦单茎、群体抗倒伏强度的快速准确测定方法

倒伏根据其产生的原因可以分为茎倒伏和根倒伏。其中，由穗部以下茎节弯曲、折断所导致的倒伏称为茎倒伏，而由根系发生位移，但茎秆仍维持挺直的倒伏称为根倒伏（李得孝等，2001；Berry et al.，2003a）。小麦发生倒伏的类型与生长环境（Berry et al.，2003a）、田间管理措施、生长发育时期（Berry et al.，2000，2003a，2003b）及品种有关（Easson et al.，1993；Crook and Ennos，1994）。提高茎秆的抗倒伏性是小麦抗倒伏育种的最常用指标（王勇和李晴棋，1995）。为鉴定小麦品种或材料的抗倒伏特性，前人曾用过许多不同的方法，依据其原理或操作形式大致可以概括为 4 种类型。一是自然或人工诱导倒伏评价法，如通过增大种植密度、过量施用氮肥等栽培管理措施，在自然倒伏的情况下鉴定作物的抗倒伏性强弱（李得孝等，2001；田保明和杨光圣，2005；刘唐兴等，2007）；利用飞机螺旋桨产生的强大风力诱导小麦倒伏（Harrington and Waywell，1950）；利用风洞评估小麦的抗倒伏水平（Bauer，1964），以及将木板纵向拉过小区使小麦完全倒伏，根据小麦恢复直立的状况确定其抗倒伏性（Briggs，1990；Kelbert et al.，2004）等。二是茎秆承重法，Wang（1984）在灌浆期将一重物（5g）系在小麦穗子的基部，测量穗子基部到地面的垂直距离（b）和植株基部到重物与地面垂线间的水平距离（a），用 a/b 值（弯曲度）表示小麦的抗倒伏性，弯曲度越小，抗倒伏能力越大（田保明和杨光圣，2005）。三是茎秆横向折断强度测定法，王勇等（1997）将小麦基部第二节间（去叶鞘）两端平置于 50cm 高、间隔 5cm 的木架凹槽内，在其中部挂一个弹簧秤，向下均匀缓慢用力拉秤，记录茎秆折断所需要的力（茎秆横向折断强度），并提出了利用倒伏系数评价小麦抗倒伏性的方法。四是茎秆弹性测定法，如传统田间感官判断法，在田间用手将植株向一侧拨弯使之与地面呈 30°～45° 夹角，根据来自于垂直茎秆方向的拨动力和茎秆回到原来位置的速度估计品种的抗倒伏性（Murphy et al., 1958）；肖世和等（2002）利用秆强测定仪测定使小麦茎秆倒伏至与地面呈 30°～45° 夹角时所需要的力（小麦茎秆强度），利用其茎秆强度评价小麦的抗倒伏性等。

关于小麦倒伏机制及其影响因素，人们也做过大量的研究（Easson et al., 1993；Baker et al.，1998；Berry et al.，2003a，2003b，2004，2007；Sterling et al., 2003），其中 Baker 等（1998）将小麦茎秆动力学视为“一种简单的阻尼谐振子”

（a simple damped harmonic oscillator），将茎秆结构视为一种柱状结构，提出了小麦倒伏预测模型，并认为小麦茎倒伏是由风导致的茎秆基部弯矩超过其茎秆破坏弯矩所造成的；Berry 等（2003a）对该模型进行田间验证；Sterling 等（2003）利用风洞试验对模型中的某些参数进行了测定，并对模型进行了修正。然而，纵观上述评价方法及倒伏机制研究，我们发现仍存在一些问题，主要表现为以下 3 个方面：一是评价或机制研究多以作物单茎为对象，缺乏直接的群体水平的倒伏机制及评价方法研究；二是以定性研究为主，定量研究不足；三是现有小麦倒伏预测模型以单茎为基础，模型对于认识倒伏发生机制有重要作用，但涉及指标较多，有些指标的意义还不是很清楚，一些指标的测定需要在风洞等特定条件下进行（Sterling et al.，2003）。到目前为止，还没有看到在小麦群体水平上直接测定小麦群体的抗倒伏强度，并依据流体力学理论直接评估小麦抗风强度的研究报道。

我们认为小麦抗倒伏能力作为一种综合指标，它与单位面积穗数、株高、重心高度、茎秆机械强度、单茎抗倒伏强度及生长发育时期等多种因素均有重要的联系。群体茎秆抗倒伏强度能够直接反映不同小麦品种或材料的实际抗倒伏能力。风力是引起小麦倒伏的最主要外界因素，风施加在小麦群体茎秆上的水平推力（风荷载）超过其群体茎秆的最大破坏弯矩是小麦倒伏的主要原因。作物群体茎秆能够承受的最大水平推力可以直接反映不同小麦品种或材料的抗风能力，依据近地微尺度风速风压变换关系，可以将其转变为能够承受的最大风速，直接评估不同小麦品种或材料的最大抗风强度，并可根据不同地区历史风速分布及变化资料预测发生倒伏的概率。

本研究的主要目的就是以专门设计的作物抗倒伏强度电子测定装置为研究手段分别建立小麦单茎、群体的抗倒伏强度快速、定量测定方法，探讨群体抗倒伏强度与单位面积穗数、株高、茎秆机械强度、单茎抗倒伏强度间相互关系，并以此为基础建立并初步探讨小麦群体倒伏风速评价方法，为高产抗倒伏小麦品种选育提供方法和理论依据。

10.1 材料与方法

10.1.1 试验材料

试验选用‘周麦 18 号’‘矮抗 58’‘豫麦 49 号’‘周麦 22 号’‘郑麦 9023’‘平安 6 号’‘豫麦 18 号’‘BH001’‘杂麦 3 号’‘杂麦 4 号’10 个目前生产使用较多的品种或品系为材料，所有材料均由河南科技学院小麦中心提供。本试验于 2010 年 10 月至 2012 年 6 月在河南科技学院校内试验田进行。随机区组设计，三次重复。小区长 4m，行距 0.23m，10 行区，小区面积为 $9.2m^2$。试验从开花期（7 月

5 日）开始，每 7 天测定一次，直到完全成熟（共测定 5 次）。在试验小区的中部随机选取 20 个单茎测定其抗倒伏强度，并对植株高度、重心高度、鲜重等参数进行测定。

10.1.2　测定项目及方法

10.1.2.1　单茎、群体抗倒伏强度测定

小麦单茎抗倒伏强度的测定参考肖世和等（2002）的方法，利用专门设计的作物抗倒伏强度电子测定装置（专利号 201120213849）进行测定。该测定装置由电子测力单元、防尘连接板、滚珠导轨、球铰链、多功能角架、快装板（图 10-1）及专用探头组成。该装置的基本测定原理是利用专门设计的探头在垂直于作物植株的方向对其施加一定的拉力（或推力），测定使植株茎秆弯曲至 45° 时所需要的力。作物茎秆弯曲至 45° 时所需要的拉力或推力越大，作物的抗倒伏能力越强。

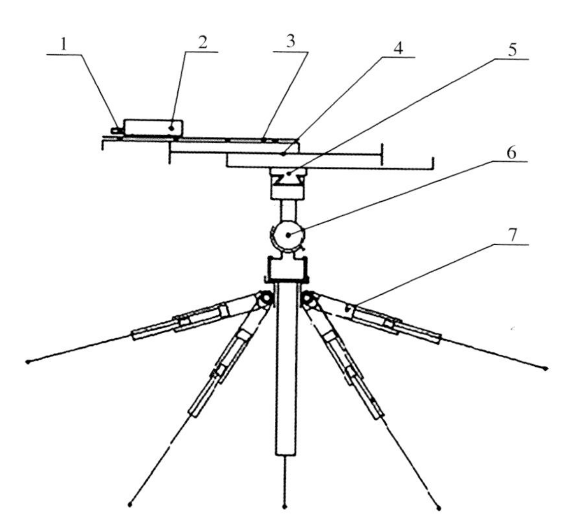

图 10-1　作物抗倒伏强度电子测定装置示意图

1. 探头安装部位；2. 电子测力单元；3. 防尘连接板；4. 滚珠导轨；5. 快装板；6. 球铰链；7. 多功能角架

小麦单茎抗倒伏强度测定按如下程序进行：将作物抗倒伏强度测定装置水平安装在待测材料前方 0.25～0.3m 处，将钩形探头安装在电子测力单元的前部；选择有代表性的单茎，将其旗叶从叶鞘部位去除；调整多功能角架高度使电子测力单元探头对准待测单茎距地面 2/3 部位，并使其保持在水平状态；将电子测力单元随滚珠导轨一起水平向前推出，使钩形探头钩住待测单茎距地面 2/3 部位；选择峰值测定法，按电子测力单元 Zero 键使其显示值为零，向操作者方向缓慢

水平拉动电子测力单元使植株弯曲至与地面呈 45° 时停止，此时仪器上所显示的数值，即为该单茎的抗倒伏强度。抗倒伏强度的单位为克力（gf），每种材料测定 20 个单茎，取其平均值。

群体抗倒伏强度的测定方法与单茎抗倒伏强度的测定方法相似。将作物抗倒伏强度测定装置水平安装在待测小麦群体前方 0.25～0.3m；将“U”形的探头安装在电子测量装置的前部；调整测定装置的高度使其探头对准待测群体高度的 2/3 部位；握住电子测定仪缓慢水平向前推动植株使其弯曲，当植株与地面呈 45° 时仪器上所显示的数值，即为该待测群体的抗倒伏强度。试验采用使单位宽度截面小麦群体弯曲至 45° 时所需要的力作为群体抗倒伏强度，单位为 N/m。群体抗倒伏强度越大，群体抗倒伏能力越强。每种材料取其群体的不同位置，平行测定 10 次，取其平均值。

10.1.2.2 茎秆抗折力及倒伏指数测定

茎秆抗折力的测定参考王勇和李晴祺（1995）的方法，利用作物抗倒伏强度测定装置进行。将抗倒伏强度测定装置放置于工作台上，将“V”形的探头安装在测力单元的前部，旋转球铰链使测力单元垂直向下，利用峰值模式进行测定；取茎秆基部第二节间（去叶鞘），将其两端放于高 50cm、间隔 5cm 的支撑木架凹槽上；将探头对准茎秆节段的中部位置均匀用力向下压，记录使茎秆折断时所用的力。植株重心高度与鲜重的测定参考王勇和李晴祺（1995）的方法，将茎秆基部至茎（带穗、叶、叶鞘）平衡支点的距离作为植株重心高度，而将带穗、叶和叶鞘的完整地上部单茎鲜重作为地上部鲜重。倒伏指数则是指单茎重心高度和地上部鲜重的乘积与茎秆抗折力之比。

10.1.3 数据处理

本书所有数据除群体抗倒伏强度为 10 次重复的平均值外，其他试验数据均为 20 次重复的平均值。试验数据间的相关系数、显著性分析、多元线性回归及聚类分析等均使用 SPSS 13.0 统计软件进行。

10.2 试验结果

10.2.1 小麦茎秆基本特性

本研究所用 10 个品种或品系的茎秆基本特性如表 10-1 所示，其中所列指标为 7 月 22 日即第三次单茎及群体抗倒伏强度测定时所测的值，用于研究小麦单茎及群体抗倒伏强度与这些因素间的关系。

表 10-1　10 个供试小麦品种或品系茎秆基本特性

品种	穗数 /（穗 /m^2）	株高 /cm	重心高度 /cm	鲜重 /g	抗折力 /N	倒伏指数
			7 500kg/hm^2 产量肥力水平			
周麦 18 号	571	73.14±2.03	35.35±1.02	9.39±1.13	5.67±1.10	0.39
矮抗 58	600	65.02±1.76	33.61±1.11	7.67±0.79	5.32±1.58	0.50
豫麦 49 号	628	76.80±1.65	38.65±1.06	7.47±1.17	4.84±1.29	0.65
周麦 22 号	532	71.22±1.40	42.45±1.49	8.08±0.93	5.09±1.39	0.63
郑麦 9023	504	83.36±1.87	34.44±1.20	6.92±0.93	3.39±0.56	0.89
平安 6 号	587	77.29±1.41	39.11±1.69	8.82±1.53	5.23±1.62	0.62
豫麦 18 号	539	77.31±1.44	39.95±1.50	6.29±0.68	3.57±0.89	0.70
BH 001	575	78.56±1.97	39.39±1.99	8.44±1.10	5.18±0.94	0.67
杂交 4 号	532	71.55±3.63	39.56±2.37	8.12±0.99	5.44±2.06	0.52
杂交 3 号	543	81.58±4.05	45.10±1.94	10.03±1.44	5.28±1.77	0.83
			9 000kg/hm^2 产量肥力水平			
矮抗 58	618	65.12±1.36	32.68±1.68	7.86±1.27	5.30±0.90	0.48
豫麦 49 号	673	77.90±1.16	39.20±1.64	8.02±1.17	4.29±1.30	0.73
周麦 22 号	640	72.32±0.79	43.11±1.33	9.53±0.87	5.13±1.21	0.80
			10 500kg/hm^2 产量肥力水平			
矮抗 58	630	66.52±1.85	33.39±1.64	8.29±1.29	5.57±1.30	0.50
豫麦 49 号	753	79.00±1.26	39.76±1.61	7.81±0.83	4.44±1.71	0.70
周麦 22 号	635	73.23±1.20	43.65±1.61	10.14±1.20	5.46±1.04	0.81
			12 000kg/hm^2 产量肥力水平			
矮抗 58	663	65.02±2.21	32.69±1.63	7.65±1.57	5.31±1.39	0.47
豫麦 49 号	720	78.70±1.94	39.61±2.19	8.12±1.13	4.30±1.02	0.76
周麦 22 号	637	71.22±0.90	42.45±4.17	9.00±1.02	4.77±1.15	0.80
平均值	609±66	73.94±5.67	38.43±4.28	8.22±0.96	4.92±0.65	0.64±0.15

在本试验条件下，10 个供试小麦材料单位面积穗数 504～753 穗 /m^2，平均 609 穗 /m^2。自然群体大小随品种或肥水条件不同有显著差别；在相同肥水条件下，‘郑麦 9023’‘杂麦 4 号’‘周麦 22 号’群体较小，‘矮抗 58’和‘豫麦 49 号’则较大；同一品种或品系群体大小则随肥力水平的增加而增加。10 个供试小麦材料的株高为 65.02～83.36cm，平均为 73.94cm；重心高度为 32.68～45.10cm，平均为 38.43cm，约为其株高的 50%；茎秆抗折力为 3.39～5.67N，平均为 4.92N；倒伏指数为 0.39～0.89，平均为 0.64。

10.2.2 不同生育时期小麦单茎抗倒伏强度及变化

不同生育时期，10 种供试小麦材料单茎抗倒伏强度及变化如表 10-2 所示。

表 10-2 不同生育时期小麦单茎抗倒伏强度 （单位：gf）

品种	5 月 8 日	5 月 15 日	5 月 22 日	5 月 30 日	6 月 5 日	平均值
			7 500kg/hm² 产量肥力水平			
周麦 18 号	8.04±2.12	6.92±1.75	4.24±1.10	4.59±1.85	4.88±1.26	5.73±1.66ab
矮抗 58	9.42±2.66	7.85±1.91	6.40±1.46	5.07±1.07	5.70±1.23	6.61±1.95a
豫麦 49 号	5.38±1.66	6.01±1.77	4.31±0.76	3.59±0.88	3.29±0.56	4.52±1.28ab
周麦 22 号	9.43±1.66	6.31±1.66	4.15±0.98	3.75±0.41	4.22±1.24	5.57±2.38ab
郑麦 9023	5.79±1.17	5.77±1.60	3.07±0.65	2.50±0.39	2.63±0.71	3.95±1.58b
平安 6 号	9.47±2.01	7.76±1.66	5.02± 1.39	4.51±1.37	4.66±1.40	6.28±2.22ab
豫麦 18 号	5.33±1.35	5.30±0.84	4.06±0.95	2.96±0.45	3.38±0.74	4.21±1.09b
BH 001	8.27±1.77	6.21±1.32	4.79±1.12	4.42± 0.76	4.61±1.14	5.66±1.62ab
杂交 4 号	8.45±2.07	8.82±2.99	5.81±2.21	4.81±1.19	4.93±1.49	6.56±1.94ab
杂交 3 号	9.16±2.42	6.37±1.73	4.08±0.61	4.77±1.47	5.18±1.17	5.91±2.00ab
			9 000kg/hm² 产量肥力水平			
矮抗 58	9.42±1.69	7.26±1.37	6.76±0.93	5.34±1.11	5.57±1.23	6.87±1.46a
豫麦 49 号	7.46±1.95	5.37±1.01	5.00±1.52	3.80±1.20	4.32±1.26	5.19±1.26ab
周麦 22 号	8.74±1.81	6.28±1.49	5.19±1.11	3.73±0.78	4.51±1.29	5.69±1.74ab
			10 500kg/hm² 产量肥力水平			
矮抗 58	8.92±3.63	7.15±1.46	5.55±1.46	4.83±1.14	5.26±0.90	6.34±1.51ab
豫麦 49 号	7.72±2.40	5.65±1.79	5.35±1.51	4.10±1.14	4.71±0.99	5.51±1.23ab
周麦 22 号	8.54±2.79	6.11±0.58	5.15±1.38	4.19±1.19	4.82±1.16	5.76±1.52ab
			12 000kg/hm² 产量肥力水平			
矮抗 58	8.89±3.07	6.02±1.46	5.09±1.32	4.80±1.50	4.61±1.52	5.88±1.58ab
豫麦 49 号	7.11±2.81	4.96±0.89	4.09±1.09	3.49±1.55	3.68±0.95	4.67±1.32ab
周麦 22 号	7.33±1.41	5.34±0.95	4.87±1.71	4.56±1.82	4.66±1.36	5.35±1.03ab
平均值	8.05±1.35	6.39±1.01	4.89±0.89	4.20±0.74	4.50±0.79	5.60±0.83ab

注：“平均值”一列不同小写字母表示在 0.05 水平差异显著

从表 10-2 可以看出，小麦单茎抗倒伏强度随品种（或材料）、生育时期及肥水条件的不同有显著差异（P<0.05）。在相同肥水条件下，‘矮抗 58’‘平安 6 号’较大，平均单茎抗倒伏强度为 6.28～6.61gf/s；‘郑麦 9023’和‘豫麦 18 号’较小，平均单茎抗倒伏强度仅为 3.95～4.21gf/s；相同品种或材料单茎抗倒伏强

度随肥水条件的提高呈明显的下降趋势；不同小麦品种的单茎抗倒伏强度表现出基本相同的变化趋势，开花期最高，随后逐步下降，但在完全成熟之后又略有上升。

10.2.3　不同生育时期小麦群体抗倒伏强度及变化

10 个小麦品种或材料不同生育时期群体抗倒伏强度及变化如表 10-3 所示。

表 10-3　小麦不同生育时期群体抗倒伏强度及变化　（单位：N/m）

品种名称	5 月 8 日	5 月 15 日	5 月 22 日	5 月 30 日	6 月 5 日	平均值
7 500kg/hm² 产量肥力水平						
周麦 18 号	30.23±0.70	30.76±1.82	43.74±3.04	45.03±2.15	32.88±1.94	36.53±1.75bcd
矮抗 58	58.58±3.19	64.83±1.79	55.03±4.32	54.29±3.90	37.40±2.86	54.02±3.18a
豫麦 49 号	38.46±2.01	55.02±2.41	41.17±4.06	33.24±3.00	24.98±1.55	38.57±3.30bcd
周麦 22 号	39.74±0.66	38.44±2.15	42.32±1.46	42.49±3.11	34.75±2.49	39.55±0.86bc
郑麦 9023	35.38±2.20	35.07±1.16	30.85±1.97	29.28±3.88	30.78±2.79	32.27±0.74cd
平安 6 号	38.97±0.61	43.65±1.53	43.33±2.40	40.94±2.82	29.54±1.90	39.28±1.55bc
豫麦 18 号	37.28±1.01	28.39±1.99	33.75±1.92	24.15±1.74	20.35±1.24	28.78±1.85d
BH 001	34.05±1.75	48.00±1.85	42.98±1.49	30.36±1.18	35.14±1.19	38.11±1.30bcd
杂交 4 号	35.18±1.61	46.85±2.58	48.87±2.96	40.48±2.41	31.62±1.92	40.60±1.98bc
杂交 3 号	47.42±2.58	37.68±1.59	36.15±2.76	28.13±1.59	33.80±2.46	36.64±1.89bcd
9 000kg/hm² 产量肥力水平						
矮抗 58	55.50±2.23	62.86±4.38	55.85±1.90	51.29±4.91	50.45±2.93	55.19±2.53a
豫麦 49 号	47.16±3.32	55.69±4.14	40.61±1.23	35.07±1.58	30.49±1.76	41.80±2.67bc
周麦 22 号	42.88±2.82	41.30±2.31	42.11±1.19	40.09±1.58	37.54±2.66	40.78±1.35bc
10 500kg/hm² 产量肥力水平						
矮抗 58	53.55±2.66	66.26±4.15	55.24±2.03	55.66±5.14	54.74±2.76	57.09±1.39a
豫麦 49 号	44.29±3.18	60.14±5.28	41.76±2.78	35.94±3.77	38.47±1.91	44.12±2.75b
周麦 22 号	45.30±2.02	48.03±2.98	43.56±1.23	41.46±2.46	38.70±1.62	43.41±1.98b
12 000kg/hm² 产量肥力水平						
矮抗 58	59.28±4.40	63.59±3.92	54.81±4.38	53.19±3.87	48.65±4.44	55.90±1.56a
豫麦 49 号	38.98±1.00	46.49±3.74	38.83±2.19	31.61±1.89	28.97±1.87	36.98±1.84bcd
周麦 22 号	43.27±2.07	46.15±1.41	41.59±2.45	38.80±3.16	36.52±2.01	41.27±0.91bc
平均值	43.45±8.41	48.49±11.49	41.66±7.20	39.55±9.25	35.57±8.42	41.74±7.84bc

注：“平均值”一列不同小写字母表示在 0.05 水平差异显著

从表 10-3 可以看出，不同小麦品种群体抗倒伏强度有显著差异（$P<0.05$），

但表现出基本相同的变化趋势。大多数小麦品种在开花期较小，在灌浆初期达到最大，随后开始下降，在完全成熟时达到最小值，但有个别品种如‘BH001’和‘郑麦9023’在完全成熟之后又略有上升。

10.3 结果与分析

10.3.1 不同生育时期小麦单茎及群体抗倒伏强度及变化

本研究使用专门设计的作物抗倒伏强度电子测定装置对自然生长条件下的小麦单茎及群体抗倒伏强度进行了精确测定。作物抗倒伏能力作为一种综合指标，它与小麦群体的株高、单位面积穗数、茎秆抗折力、单茎抗倒伏强度及生长发育时期等多种因素均有重要的联系，其中株高与植物抗倒伏能力具有显著的负相关关系。为客观反映小麦品种或材料整体的抗倒伏能力，并便于直接比较不同材料的抗倒伏能力，本研究选择植株距地面2/3的相对高度而不是某一特定高度测定单茎及群体抗倒伏强度。由于测定过程中测力单元始终保持水平状态，测定结果比其他方法更为准确。

10个供试小麦材料单茎抗倒伏强度具有基本相同的变化趋势，其趋势与肖世和等（2002）报道的部分相似，但其测定结果比肖世和等报道的数值小。小麦群体抗倒伏强度与单茎抗倒伏强度变化趋势相似，但其达到最大抗倒伏强度的时间比单茎要晚。单茎最大抗倒伏强度出现的时间是开花期，而群体的最大抗倒伏强度则是出现在灌浆初期。群体抗倒伏强度（y）取决于小麦群体大小（x_1）、株高（x_2）、单茎抗倒伏强度（x_3）和茎秆抗折力（x_4）。

$$\hat{y}=0.013x_1-0.508x_2+3.469x_3+1.909x_4+46.868 \tag{10-1}$$

其中，$F=37.711$，$R^2=0.970$，$P<0.01$，该模型能够较好地解释群体抗倒伏强度与这些因素之间的关系。小麦群体抗倒伏强度主要受小麦群体大小、株高、单茎抗倒伏强度和茎秆抗折力4个方面因素影响，相关系数分别为0.230、−0.902、0.922和0.707。群体抗倒伏强度与4种因素之间的相关关系如图10-2所示。

10.3.2 不同供试小麦材料最大抗倒伏风速的初步估算

10.3.2.1 风速、风压转换理论及假设

风压是垂直于气流方向的单位物体平面所受到的风的压力（风荷载），单位是kN/m²。风荷载是小麦群体茎秆所经受的主要自然荷载之一。根据伯努利方程（Bernoulli equation）可以得出一定风速下的标准风压（朱瑞兆，1975）。

$$w_0=\frac{r\cdot v_0^2}{2g} \tag{10-2}$$

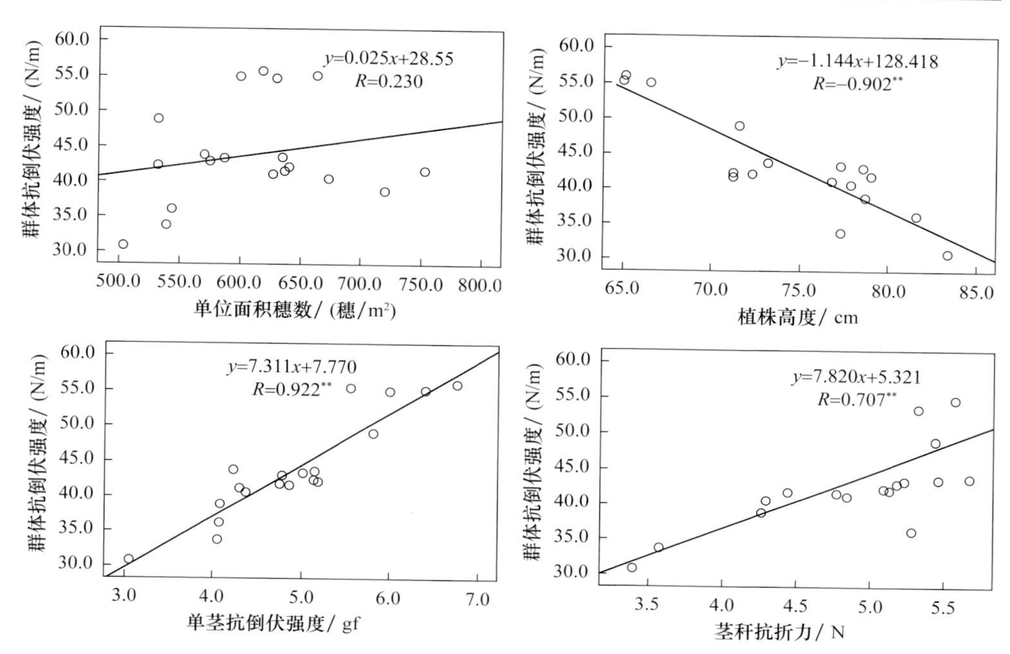

图 10-2　小麦群体抗倒伏强度与单位面积穗数、植株高度、单茎抗倒伏强度及茎秆抗折力的关系
** 表示相关性极显著（$P<0.01$）

式中，w_0 为标准风压（kN/m^2）；r 为空气重度（kN/m^3）；v_0 为风速（m/s）；g 为重力加速度（m/s^2），标准状态下（气压为 101.3kPa，温度为 15℃），空气重度 $r=0.012\ 25kN/m^3$，纬度 45° 处海面上的重力加速度 $g=9.80m/s^2$，则

$$w_0=\frac{r\cdot v_0^2}{2g}=\frac{0.012\ 25\times v_0^2}{2\times 9.80}=\frac{v_0^2}{1600} \tag{10-3}$$

由于各地气压、温度、湿度、纬度等条件不同，还需要按相应的条件进行订正。

由于目前中国气象台站的风速仪都安装在距地面 10m 的高度，不同高度处风速可以利用式（10-4）进行计算（朱瑞兆，1975）。

$$\frac{v_z}{v_1}=\frac{\lg z-\lg z_0}{\lg z_1-\lg z_0} \tag{10-4}$$

式中，v_z 为高度 z（m）处的风速；v_1 为高度 z_1（m）处的风速；z_0 为地面粗糙度，地面粗糙度随环境条件而变。我们假定 v_z 为高度 10m 处的标准风速（天气预报的风速），$z=10m$；$v_1=v_0$ 为能够直接作用于小麦冠层并引起倒伏的风速。Baker 等（1998）认为距地面高度 2m 或作物冠层之上 1m 高度部位（Baker 等假定试验小麦株高为 1m）的风能够穿透供试小麦冠层。本试验所用小麦平均株高在 0.65～0.83m，根据实际计算结果，我们也假定距地面 2.0m 高度处（$z_1=2.0m$）

的风速为可以穿透小麦冠层并引起倒伏的风速。

假设使小麦群体倾斜至与地面呈45°时小麦群体单位截面积上所承受的最大水平推力为小麦群体所能承受的最大风荷载，则依据式（10-5）可以将供试小麦群体的群体抗倒伏强度转变为小麦群体单位截面积所能承受的最大水平推力。

$$w_p = \frac{P}{L \times (h - z_0) \times 1000} \quad (10\text{-}5)$$

式中，w_p 为小麦群体单位截面积能够承受的最大水平推力（kN/m^2）；P 为试验测得的小麦群体抗倒伏强度（kN/m）；L 为试验所测群体截面长度（0.33m）；h 为小麦平均株高（m）。

10.3.2.2 小麦群体倒伏风速的估算

假定 w_p 为单位截面积小麦群体所能承受的最大风荷载，然后按下述步骤计算小麦群体所能经受的最大风速（m/s）。

1）将小麦群体抗倒伏强度（P）及平均株高（h）代入式（10-5）计算 w_p 值。

2）将 w_p 值代入式（10-2）计算小麦群体可以承受的最大水平风速 v_0（m/s）。

3）将 v_0 视为 v_1 代入式（10-3）计算距地10m高度处的标准风速 v_z（m/s）。

10种供试小麦材料的倒伏风速（最大抗倒伏风速）估算结果如表10-4所示。

表10-4 不同生育时期小麦群体倒伏风速 （单位：m/s）

品种	5月8日	5月15日	5月22日	5月30日	6月5日	平均值
7 500kg/hm² 产量肥力水平						
周麦18号	17.00	17.15	20.45	20.75	17.73	18.69bcd
矮抗58	25.55	26.88	24.76	24.60	20.41	24.54a
豫麦49号	18.59	22.23	19.23	17.28	14.98	18.62bcd
周麦22号	19.83	19.50	20.46	20.50	18.54	19.78bcd
郑麦9023	16.94	16.86	15.82	15.41	15.80	16.18e
平安6号	18.64	19.72	19.65	19.10	16.23	18.71bcd
豫麦18号	18.22	15.90	17.34	14.67	13.47	16.01e
BH001	17.24	20.47	19.37	16.28	17.52	18.24bcde
杂交4号	18.60	21.46	21.92	19.95	17.63	19.98bc
杂交3号	19.87	17.72	17.35	15.31	16.78	17.47de
9 000kg/hm² 产量肥力水平						
矮抗58	22.01	23.43	22.08	21.16	20.99	21.95a
豫麦49号	18.08	19.64	16.77	15.59	14.54	17.02bcd
周麦22号	18.07	17.73	17.91	17.47	16.91	17.62bc

续表

品种	5 月 8 日	5 月 15 日	5 月 22 日	5 月 30 日	6 月 5 日	平均值
10 500kg/hm² 产量肥力水平						
矮抗 58	22.43	23.23	21.57	21.25	20.32	21.78a
豫麦 49 号	17.36	20.23	16.86	15.64	16.18	17.33bcd
周麦 22 号	18.42	18.97	18.07	17.63	17.03	18.04b
12 000kg/hm² 产量肥力水平						
矮抗 58	21.64	24.08	21.98	22.07	21.88	22.35a
豫麦 49 号	16.33	17.83	16.30	14.71	14.08	15.90cde
周麦 22 号	18.34	18.93	17.97	17.36	16.84	17.90bc
平均值	17.97±2.47	18.94±2.97	18.08±2.36	17.15±2.85	16.24±2.61	17.69±2.49bc

注：同列不同小写字母表示在 0.05 水平差异显著

从表 10-4 可以看出，10 种供试小麦品种或材料能够经受的最大风速具有显著差异（$P<0.05$）。最大抗倒伏风速灌浆初期最大，开花期次之，成熟期最小，‘郑麦 9023’‘BH001’‘杂交 3 号’等在完全成熟后略有上升。10 种小麦平均倒伏风速分布在 15.90～24.54m/s，相当于蒲福风级的 7 级（13.9～17.1m/s）至 9 级（20.8～24.4m/s）（朱瑞兆，1975）。该结果与目前人们已知的这些品种的抗倒伏情况基本吻合。10 种供试小麦品种或材料根据其不同生育时期发生倒伏的风速可以分成为高抗、中抗、普抗和弱抗倒伏 4 种类型（图 10-3）。

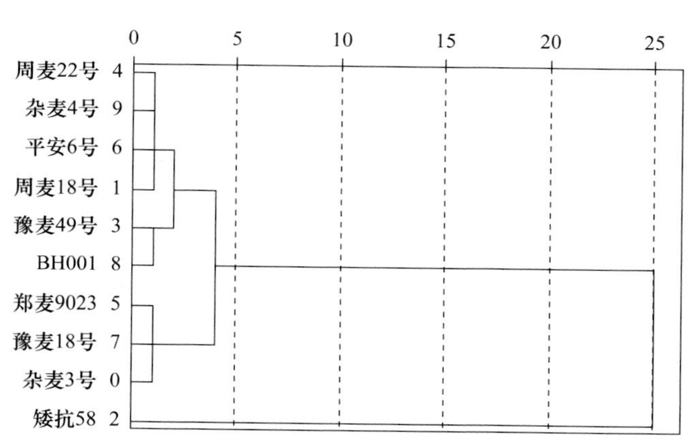

图 10-3　10 种供试小麦品种或材料的抗风强度聚类分析图

10.3.2.3　黄淮麦区小麦生长中后期风速分布

为了解小麦生长中后期不同风速的分布情况，我们以黄淮麦区为例，依据“中国地面国际交换站气候资料日值数据集”（邹凤玲和朱燕君，2007），对中国气象台驻马店站、郑州站和安阳站3个气象站1992～2011年20年间4月20日至6月10日的逐日风速分布进行了统计。统计结果表明，无论是最大风速（10min平均风速）还是极大风速或阵风（3s平均风速）均呈现出从南向北逐步增加的趋势。5级（5.5～7.9m/s）以上最大风速，驻马店、郑州、安阳分别发生27次、58次和129次；6级以上最大风速（8.0～10.7m/s）分别出现过1次、3次和8次；7级以上极大风速（13.9～17.1m/s），驻马店、郑州和安阳分别发生18次、54次和74次；8级以上极大风速（17.2～20.7m/s）分别发生4次、9次和17次；9级以上极大风速（20.8～24.4m/s），郑州1次、安阳4次（2005年曾测出32.5m/s的极大风速）。驻马店站和安阳站20年间最大风速及极大风速分布如图10-4所示。

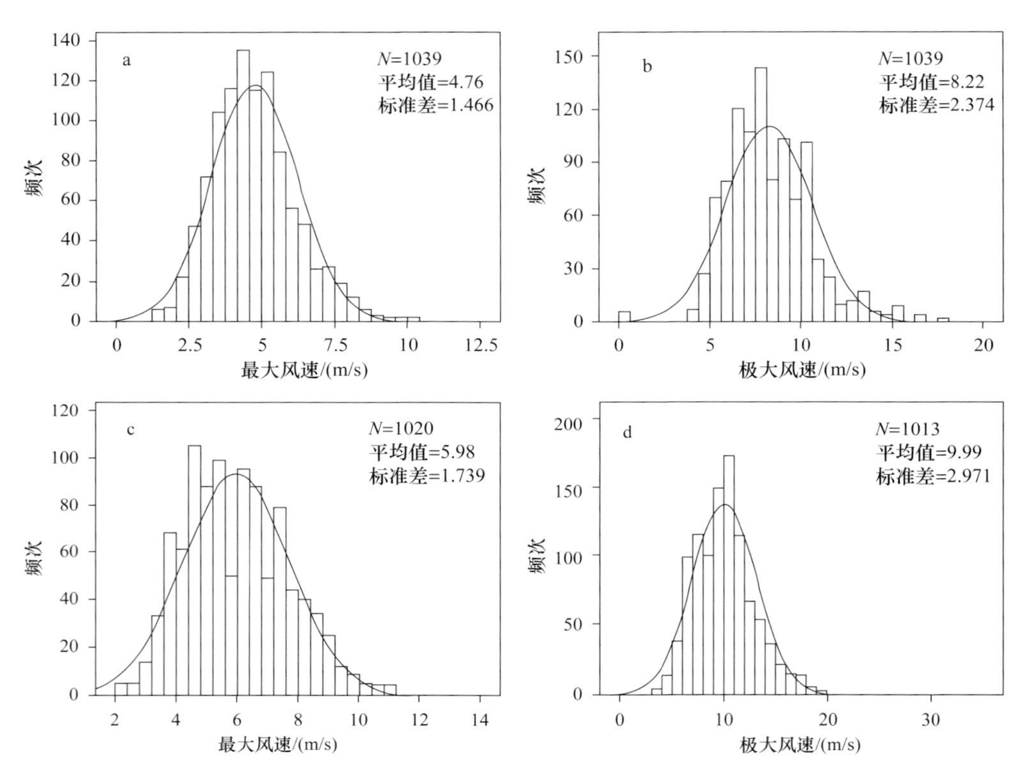

图10-4　驻马店站和安阳站20年间最大风速及极大风速分布

a. 驻马店站最大风速（10min平均风速）；b. 驻马店站极大风速（3s平均风速）；c. 安阳站最大风速；d. 安阳站极大风速

根据过去对小麦倒伏过程的观察，人们认为小麦茎倒伏是在风速超过小麦能够抵抗的最大风速情况下瞬间发生的（Sterling et al.，2003）。因此，我们认为好的抗倒伏小麦品种能够抵御的最大风速应该在6级以上，极大风速应该在8级以上。

小麦抗倒伏强度主要取决于小麦植株高度（主要是重心高度）和茎秆抗折力，小麦单茎及群体抗倒伏强度的变化趋势实际上是小麦重心高度和茎秆抗折力变化的结果。在开花期及灌浆初期，由于小麦茎秆抗折力较大、重心高度较低（穗子重量较小）（王勇等，1997；谢家琦等，2009），群体抗倒伏强度较大，较少发生倒伏现象，而在乳熟期由于穗重较大、茎秆贮存物质外运、茎秆抗折力较小，群体最大抗倒伏风速变小（王勇等，1997；谢家琦等，2009）。单茎及少数品种群体倒伏风速至成熟时略有上升则主要是由籽粒失水干燥、茎秆重心高度降低所致。'矮抗 58'是中国黄淮麦区目前种植面积最大的小麦品种，年种植面积 200 万 hm^2，自 2006 年大面积种植以来很少发生倒伏现象。'周麦 18 号''周麦 22 号''平安 6 号'也都具有很强的抗茎倒伏性。另外，'豫麦 18 号''豫麦 49 号'是过去的 2 个对照品种，从测定结果可以看出'豫麦 49 号'的抗风强度显著大于'豫麦 18 号'。

在利用群体抗倒伏强度计算小麦倒伏风速的方法中，农田表观粗糙度及能够穿透小麦冠层并引起倒伏风速的高度的假设对倒伏风速计算影响很大。为便于比较不同高度小麦品种或材料受风速的影响，本试验以一般农田的表面粗糙度 0.16m（Sterling et al.，2003）作为麦田表观粗糙度，没有考虑小麦植株高度及风速对表观粗糙度的影响。另外，小麦的抗倒伏强度在很大程度上还受田间土壤湿度以及降雨的影响。因此，在不同土壤湿度以及伴随降雨条件下小麦抗倒伏强度的变化还有待于进一步研究。

10.4　结　　论

本研究利用专门设计的作物抗倒伏强度电子测定装置建立了小麦单茎及群体抗倒伏强度快速测定方法，并依据贝努利流体力学理论对小麦群体的倒伏风速进行了初步的评估。小麦单茎及群体抗倒伏强度主要与小麦群体大小、株高和茎秆抗折力有关，不同生育时期小麦单茎及群体抗倒伏强度的变化趋势实际上就是小麦植株重心高度及茎秆抗折力变化的直接结果。利用小麦群体抗倒伏强度数据直接预测小麦可能的倒伏风速可以最大限度地减少许多不确定因素对抗倒伏评价的影响，简化评价程序。该方法快速简单，结果准确，评估结果与生产实际情况基本一致，对于小麦育种及栽培研究过程中快速测定小麦抗倒伏强度具有重要的应用价值。另外，由于群体抗倒伏强度为一个综合指标，测定简单，且变化较为稳定，更适合于在育种及大田生产中使用。

参 考 文 献

李得孝, 康宏, 员海燕. 2001. 作物抗倒伏性研究方法. 陕西农业科学, (7): 20-22.

刘唐兴, 官春云, 雷冬阳. 2007. 作物抗倒伏的评价方法研究进展. 中国农学通报, 23(5): 203-206.
田保明, 杨光圣.2005. 农作物倒伏及其评价方法. 中国农学通报, 21(7): 111-114.
王勇, 李晴祺.1995. 小麦品种抗倒性评价方法研究. 华北农学报, 10(3): 84-88.
王勇, 李朝恒, 李安飞, 等. 1997. 小麦品种茎秆质量的初步研究. 麦类作物学报, 17(3): 28-30.
肖世和, 张秀英, 闫长生, 等.2002. 小麦茎秆强度的鉴定方法研究. 中国农业科学, 35(1): 7-11.
谢家琦, 李金才, 魏凤珍, 等.2009. 江淮平原小麦主栽品种茎秆抗倒性能分析. 中国农学通报, 25(3): 108-111.
朱瑞兆. 1975. 风压标准及计算方法. 气象, (3): 24-25.
邹凤玲, 朱燕君. 2007. 中国气象科学数据共享服务网. http: //cdc. cma. gov. cn [2012-06-15].
Baker C J, Berry P M, Spink J H, et al. 1998. A method for the assessment of the risk of wheat lodging. Journal of Theoretical Biology, 194 (4): 587-603.
Bauer F. 1964. Some indirect methods of determining the standing ability of wheat. Zeitschrift für Acker-und Pflanzenbau, 119: 70-80.
Berry P M, Griffin J M, Sylvester-Bradley R, et al. 2000. Controlling plant form through husbandry to minimize lodging in wheat. Field Crops Research, 67 (1): 51-58.
Berry P M, Sterling M, Baker C J, et al. 2003a. A calibrated model of wheat lodging compared with field measurements. Agricultural and Forest Meteorology, 119 (3): 167-180.
Berry P M, Spink J H, Foulkes M J, et al. 2003b. Quantifying the contributions and losses of dry matter from non-surviving shoots in four cultivars of winter wheat. Field Crops Research, 80 (2): 111-121.
Berry P M, Sterling M, Spink J H, et al. 2004. Understanding and reducing lodging in cereals. Advances in Agronomy, 84 (4): 217-271.
Berry P M, Sylvester-Bradley R, Berry S. 2007. Ideotype design for lodging-resistant wheat. Euphytica, 154: 165-179.
Briggs K G. 1990. Studies of recovery from artificially induced lodging in several six-row barley cultivars. Canadian Journal of Plant Science, 70 (1): 173-181.
Crook M J, Ennos A R. 1994. Stem and root characteristics associated with lodging resistance in four winter wheat genotypes. Journal of Agricultural Science , 123 (2): 167-174.
Easson D L, White E M, Pickles S L. 1993. The effects of weather, seed rate and genotype on lodging and yield in winter wheat. Journal of Agricultural Science, 121 (2): 145-156.
Harrington J B, Waywell C G. 1950. Testing resistance to shattering and lodging in cereals. Scientific Agriculture, 30: 51-60.
Kelbert A J, Spaner D, Briggs K G, et al. 2004. Screening for lodging resistance in spring wheat breeding programmes. Plant Breed, 123: 349-354.
Murphy H C, Petr F, Frey K J. 1958. Lodging resistance studies in oats. Journal of Environmental Quality, 50: 609-611.
Navabi A, Iqbal M, Strenzke K, et al. 2006. The relationship between lodging and plant height in a diverse wheat population. Canadian Journal of Plant Science, 86 (3): 723-726.
Sterling M, Baker C J, Berry P M, et al. 2003. An experimental investigation of the lodging of wheat. Agricultural and Forest Meteorology, 119 (3): 149-165.
Wikipedia. Beaufort Wind Force Scale. http: //en.wikipedia.org/wiki/Beaufort_scale [2012-06-15].

第 11 章　小麦田间近地面层风速特性及群体倒伏临界风速模型

长期以来，国内外小麦育种及生产工作者建立了许多抗倒伏评价方法或体系，如茎秆承重法（Murphy et al.，1958）、茎秆折断测定法（王勇等，1997）、茎秆强度测定法（肖世和等，2002）、传统田间感官判断法、茎秆力学特性评价法（郭玉明等，2007）。近些年来，抗倒伏评价研究主要是在小麦倒伏机制、预测模型及新评价方法等方面有所进展（Baker et al.，1998；Berry et al.，2003a，2003b，2004，2007；Sterling，2003；Niu et al.，2012）。Baker 等（1998）将小麦茎秆动力学视为“一种简单的阻尼谐振子”，将茎秆结构视为一种柱状结构，提出了小麦倒伏预测模型，建立了基于单茎的小麦倒伏风速预测模型；认为小麦倒伏是由风所导致的茎秆基部弯矩大于茎秆基部或根锚破坏弯矩的结果。Berry 等（2003a）对模型进行了田间验证；Sterling 等（2003）利用风洞对模型中的某些参数进行了测定。然而，现有小麦抗倒伏评价方法还存在一些明显不足，主要表现为三个方面：一是除田间评价方法外，现有抗倒伏评价方法多以小麦单茎的某一特性为对象，缺乏能够同时反映多种因素交互作用的抗倒伏强度评价方法；二是现有评价方法多以定性为主，定量不足，评价结果多属于不同试验材料相对抗倒伏性的比较；三是大多数评价方法还没有与引起倒伏的自然因素——风速联系起来，同时由于对田间近地场风速特性及冠层特性缺乏充分了解，现有模型对于田间近地场风速特性及小麦冠层特性对倒伏风速的影响考虑不足。

小麦抗倒伏能力是一种综合指标，它与小麦株高、穗重、种植密度、基部节间长度、茎秆直径、化学组分、机械强度及作物生长发育时期等诸多因素有关（Crook and Ennos，1995； Kelbert et al.，2004；朱新开等，2006；郭翠花等，2010；冯素伟等，2012，2015a，2015b；王丹等，2016），并且这些因素间往往还存在着复杂的相互制约关系，如种植密度对株高、茎秆基部节间长度及茎秆直径有影响等，因此单凭小麦茎秆某一或少数几个指标评价小麦的抗倒伏性难以客观反映小麦的真实抗倒伏能力。我们假设田间倾斜向下传播的风是诱导小麦发生倒伏的动力来源，则小麦群体倒伏临界推力可以综合反映小麦的抗倒伏能力。以小麦群体为对象，在田间自然生长状态下直接测定小麦群体的倒伏临界推力，计算的小麦群体倒伏临界风速可以综合反映小麦内在植物因素和外部气象因素的相互作用，可以简化小麦抗倒伏评价方法（Niu et al.，2012）。然而，由于小麦田间近地面层风速特性数据资料的缺乏，现有小麦倒伏临界风速计算模型未能全面反映近地面层风速相关特性对倒伏的影响。本章的主要目的一是研究小麦田间近地面层风速特性变化规律及其对倒伏的影响，二是对现有小麦群体倒伏临界风速模型进行修正，三是对新修正模型进行风洞及田间试验验证。

11.1　材料与方法

11.1.1　小麦田间近地面层基本风速特性观测

为研究小麦田间近地面层风速特性及对其小麦倒伏的影响，笔者于2014～2016年的4～6月，即中国北方冬小麦抽穗至成熟时期，对小麦田间近地面层倒伏相关风速特性进行了连续观测。观测地点位于河南省新乡县郎公庙镇河南科技学院小麦育种基地，位置35°10′15.45″N、113°53′54.11″E。观测仪器为英国Gill Instruments Ltd. 的2台超声波三维风速风向仪（Wind Master）（表11-1）和中国锦州阳光科技发展有限公司的PC-2F型多通道风向风速观测系统（6通道）（表11-2）。Wind Master可同时测量U、V、W三个方向的风速和虚温，采样频率为1～20Hz；风速范围为0～45m/s，分辨率为0.01m/s；风向范围为0°～359°，分辨率为0.1°；每台风速仪配备一台TYY型串口数据记录仪，数据透明存储。风速观测采样频率每秒10次，每小时创建一个文件。

表11-1　三维风速风向仪安装数据

仪器编号	2014年探头高度/m	2015年探头高度/m	2016年探头高度/m
1号	2.00	1.09	2.00
2号	10.00	2.08	6.00

注：三维风速风向仪探头高度是指超声波探头中心位置距地面的高度

多通道风向风速观测系统采用EC-9S型数字风速传感器，风向测量范围为0°～360°，测量精度为1°；风速测量范围为0～75m/s，测量精度为0.1m/s；采用FS-1型数据存储器，每分钟各通道数据自动记录1次，可以记录瞬时值及2min的平均值。

表11-2　多通道风向风速仪安装数据

风速仪编号	1	2	3	4	5	6
风速仪离地高度/m	1.1	2.24	4.2	6.2	8.2	10.2

注：表中所列多通道风速风向仪安装高度为三杯风速探头中心距地面高度；测定时间为2015年5月19日至6月12日

超声波三维风速风向仪和多通道风速风向观测系统合并采用太阳能供电，24h 连续观测。2015 年 5 月 19 日至 6 月 12 日共计获得 340h（组）1～10m 6 个高度的风速、风向数据（图 11-1）。

图 11-1 田间近地面层风速特性观测

11.1.2 田间风速数据处理方法

三维风速风向仪所采集的 U、V、W 三个方向的风速 μ_x、μ_y 和 μ_z 以及风向与虚温，按 10min 基本时距分组，并除去坏点数据。坏点数据处理方法采用绝对值平均法（杨世杰，2006）。动态时序信号数据（x_i）具有在一定的阈值范围内变化的特征（w）。若 $|x_i|\geqslant w$，则 x_i 被认为是 x（t）序列中的坏点，应予以剔除，被剔除的坏点用绝对平均值替代。

$$w=k\left(\frac{1}{n}\sum|x_i|\right)=k|\overline{x}_i| \tag{11-1}$$

$$|x_i|=\frac{1}{n}\sum|x_i| \tag{11-2}$$

式中，w 为阈值范围；k 为经验取值系数，一般取 4～5，本书取 4；i 为第 i 个样本；n 为样本总数。

多通道风向风速观测系统所获风向及风速数据可以直接使用，不需预处理。

本书所有数据均采用 SPSS 13.0 软件进行统计分析。

11.1.2.1 田间近地面层空气温度、风速变化

田间空气温度变化利用三维风速风向仪的虚温来代替进行分析，空气温度＝虚温 /（$1+0.518q$）（苏红兵和洪钟祥，1994），其中 q 为比湿。超声波风速风向仪所测空气虚温与热线温度计所测温度数值相近，变化趋势相似（张宏升和陈家宜，1998）。

田间近地面层三维风速 μ_x、μ_y 和 μ_z 的 10min 平均值及水平平均风速 U 由下列公式计算（徐安等，2010）。

$$\bar{\mu}_x=\frac{1}{N}\sum_{i=1}^{N}\mu_x(i) \tag{11-3}$$

$$\bar{\mu}_y=\frac{1}{N}\sum_{i=1}^{N}\mu_y(i) \tag{11-4}$$

$$\bar{\mu}_z=\frac{1}{N}\sum_{i=1}^{N}\mu_z(i) \tag{11-5}$$

$$U=\sqrt{\bar{\mu}_x^2+\bar{\mu}_y^2} \tag{11-6}$$

式中，i 为第 i 个样本，N 为样本总数。

11.1.2.2 田间近地面层大气层结稳定性

田间近地面层大气层结稳定性利用三维风速风向仪所测空气温度和风速进行分析。本书使用梯度里查逊数（R_i）法判断田间近地面层的大气层结稳定度（钟阳和等，2009）。

$$R_i=\frac{g\times\Delta T\times(z_2-z_1)}{\bar{T}\times(\bar{\mu}_2-\bar{\mu}_1)^2} \tag{11-7}$$

式中，$\bar{T}$ 为空气绝对温度（K）的平均值，$\bar{T}=273.16+(T_2-T_1)/2$；$\Delta T$ 为两个观测高度处空气的温差；z_1、z_2 为两个风速仪的安装高度；g 为重力加速度，取 $9.8\mathrm{m/s^2}$。$R_i>0$，大气层结处于稳定状态；$R_i=0$，大气层结处于中性状态；$R_i<0$，大气层结处于不稳定状态。

11.1.2.3 田间近地面层风速廓线及表观粗糙度

为研究风速廓线及表观粗糙度随天气及风速的变化，选择晴天、阴天和多云 3 种不同天气情况，且距地面 10m 处 2min 平均风速在 6m 以上的 24h 多通道风速风向观测仪连续风速资料为样本，统计分析风速廓线、表观粗糙度随时间及天气状况的变化。具体计算步骤如下。

1）多通道风速风向观测系统所获 6 通道风速数据依据距地面 10m 处探头所测风速大小排序。

2）按 0.5m/s 步长分段，分别计算各风速段风速平均值，计算风速随高度的变化方程，并采取将风速廓线曲线外延至与坐标轴相交即平均风速为 0m/s 的方式计算小麦田间表观粗糙度。

3）利用最小二乘法计算不同天气条件下麦田表观粗糙度随风速变化的拟合曲线方程，分析风速对表观粗糙度的影响。

11.1.2.4　田间近地面层风攻角

自然界风的来流方向通常不是沿水平方向，而总是与地面呈一定的正向或负向夹角。风向与地平面间的夹角称为风攻角，其中风斜向上方吹的风攻角为正，反之为负（姚伟等，2013）。田间近地面层风攻角 θ 由式（11-8）计算（徐安等，2010）。

$$\theta = \arctan \frac{\bar{\mu}_z}{U} \tag{11-8}$$

风攻角的计算步骤如下。

1）选择晴天、多云和阴天天气全天连续观测，取日最大平均风速大于 6.0m/s 的三维风速数据为样本计算风攻角。

2）数据按 10min 基本时距分段。

3）计算各 10min 时段风攻角的 3s 滑动平均值。

4）将所有样本的风攻角数值汇总排序，取排序在前 25% 的风攻角的平均值为模型风攻角。

11.1.3　小麦群体倒伏临界风速模型及应用

小麦群体倒伏临界风速计算模型的主要原理是小麦倒伏是由风施加在小麦群体茎秆上的荷载大于小麦茎秆基部所能承受的最大荷载引起的。以小麦群体为对象，首先测定其倒伏临界推力（风荷载），然后依据贝努利风速风压转换原理及小麦冠层参数计算地面等效倒伏风速，最后依据田间近地面层风速廓线特性将其转换为距地 10m 处的标准风速。基本计算程序如下。

1. 测定小麦群体倒伏临界推力

利用作物抗倒伏强度电子测定仪（Niu et al.，2012）作为测定小麦群体倒伏临界推力测量装置，将仪器探头调整至待测小麦群体冠层的重心高度部位（约为冠层高度的 2/3 处）；左手握住测定仪上方手柄，保持固定杆与地面垂直；右手握住数字测力装置缓慢向前推进至探头前部的植株被推压倒至与地面夹角呈 45° 时停止；记录测力装置上的读数，重复 5 次，取平均值作为小麦群体倒伏临界推力，单位为牛顿（N）。

2. 确定田间小麦群体表观粗糙度、风攻角、等效风速高度及透风系数

小麦田间等效风速是指能够穿透小麦冠层并引起倒伏的特定高度部位的风速。该风速部位距离地面的高度称为等效风速高度（H），$H=1+(h_c-z_0)$，其中

h_c 表示小麦冠层高度、z_0 表示作物冠层中风速为零的平面距地面的高度（也称表观粗糙度）。透风系数（α）=小麦群体前方冠层重心高度平均风速 / 小麦群体后部相同高度处平均风速，透风系数与小麦群体单位面积的主茎数有关。

3. 计算小麦群体临界风荷载 w_0（kN/m^2）

$$w_0=\frac{k\times k_p\times P}{L\times(h_c-z_0)\times 1000} \tag{11-9}$$

式中，P 为小麦群体倒伏临界推力；L 为探头长度（0.33m）；k 为群体推力调整系数，一般取 0.85；k_p 为探头阻力系数，视使用探头阻力大小，取 0.75～1.0，本书取 0.75；h_c 为小麦冠层高度；z_0 为小麦冠层的表观粗糙度。

4. 计算相应风速 v_0 及地面等效风速 v_0'（m/s）

$$w_0=\frac{r\times v_0^2}{2g}\times\frac{0.012\,25\times v_0^2}{2\times 9.8}=\frac{v_0^2}{1600} \tag{11-10}$$

将式（11-9）代入式（11-10），整理得到式（11-11）。

$$v_0'=\frac{1}{(1-\alpha)}\times\cos\theta\times v_0=\frac{1}{(1-\alpha)}\times\cos\theta\times\sqrt{\frac{1600\times k\times k_p\times P}{L\times(h_c-z_0)\times 1000}} \tag{11-11}$$

5. 计算田间小麦群体倒伏临界风速即距地面 10m 处标准风速 v_{10}（m/s）

$$v_{10}=v_0'\times\left(\frac{\ln 10-\ln z_0}{\ln(1-h_c)-\ln z_0}\right) \tag{11-12}$$

11.1.4　小麦群体倒伏风洞模拟试验

图 11-2　小麦群体倒伏风洞模拟试验

小麦群体倒伏风洞模拟试验于 2013 ～ 2015 年在河南省新乡市河南科技学院校内实验室进行（图 11-2）。试验选用‘豫麦 18 号’‘周麦 18 号’‘矮抗 58’‘平安 6 号’‘郑麦 9023’‘百农 418’‘百农 419’‘中联 2 号’‘周麦 26 号’‘才智 9333’10 个小麦品种或品系为试验材料，所有材料均由河南科技学院小麦中心提供。为加快研究进度，2013 ～2014 年试验材料分二期种植，第一期于 2013 年 10 月 10 日播种，第二期于 10 月 20 日播种。2014 ～2015 年，10 月 10 日播种。小麦种植于 0.60m×0.40m×0.25m 的大型塑料种植箱中，按常规种植方法进行管理。

模拟风洞试验区长 7.00m，宽 1.20m，高 2.00m；利用变频器调整风速；风速廓线分布与田间近地面层相似，风速随距地面高度的增加而增大，符合对数函数规律。在风洞试验区距底板 0.5m 高度处设置横向水平隔板，隔板前部放置一块倾斜隔板，使风洞前部吹过来的风沿水平隔板上方吹到小麦群体茎秆基部约 0.16m，模拟田间表观粗糙度 0.16m 条件下风对小麦群体倒伏的影响。

小麦生长至灌浆中期时开始倒伏模拟试验。首先，利用作物抗倒伏强度电子测定仪测定小麦群体倒伏临界推力（Niu et al.，2012），重复 5 次，同时记录小麦冠层高度；随后，将小麦随种植箱搬入风洞，每次两箱，并排放置，种植方向与风洞风向垂直；在小麦群体前后、冠层高度 2/3 部位分别水平安装二支热线式风速计探头；打开电源开关，旋转变频器旋扭使风速缓慢增大，当小麦群体前部向后倾斜至 45° 时，记录小麦群体前后风速计风速值，重复 3 次，取其平均值作为实测小麦群体倒伏临界风速。根据倒伏临界推力计算小麦群体倒伏临界风速，并与风洞实测小麦群体倒伏临界风速进行比较。

11.1.5　小麦群体倒伏田间试验

试验选用‘周麦 18 号’‘矮抗 58’‘周麦 26 号’‘百农 418’‘百农 419’‘中联 2 号’6 个小麦品种或品系为材料，所有材料均由河南科技学院小麦中心提供。本试验于 2013 年 10 月至 2015 年 6 月在河南省新乡县郎公庙镇河南科技学院小麦育种基地进行。随机区组设计，3 次重复，小区长 4m，行距 0.23m，10 行区，按一般大田生产管理方式进行管理。

试验从开花期开始，每 7 天测定一次，直到完全成熟。采用作物抗倒伏强度测定仪测定小麦群体倒伏临界推力（Niu et al.，2012），每个群体平行测定 5 次，依次计算小麦群体倒伏临界风荷载、地面等效风速和田间小麦群体倒伏临界风速即距地面 10m 处标准风速。

11.2　试 验 结 果

11.2.1　田间近地面层风场基本特性

空气温度、三维风速、大气层结稳定性、表观粗糙度、风攻角等是田间近地面层风场最基本的参数，是风场特性分析的基础。

11.2.1.1　空气温度及平均风速变化

2014～2016 年，笔者利用三维风速风向仪分别在 2m/10m、2m/6m 及 1m/2m 三种组合安装高度条件下对小麦田间近地面层温度及平均风速变化特性进行了观测。以 2m/6m 组合为例，晴天、阴天及降雨三种天气条件下，10min 平均气温均呈现出基本相同的变化趋势。晴天和阴天 0:00～6:30，T_6（距地面 6m 处气温）

稍高于 T_2（2m 处气温），随后 T_2 逐渐升高并高于 T_6，自 18:00 左右 T_6 又逐渐等于或低于 T_2；而在降雨天气条件下，6:30～24:00 一直维持 T_6 高于 T_2 状态。T_6 与 T_2 气温梯度基本维持在－1.5～2.0℃。

田间近地面层风速大多呈现夜间小、白天大的变化趋势。每天最大风速多出现在 9:00～16:00。2m/10m、1m/2m 两种组合气温及风速变化规律与 2m/6m 组合相似，但 1m/2m 组合瞬时气温及风速变化更加剧烈。

11.2.1.2 里查逊数变化与麦田大气层结稳定性

大气层结稳定性与观测时间和天气条件有关。晴天、阴天和降雨 3 种不同天气条件下里查逊数随时间的变化趋势如图 11-3 所示。在晴天、阴天条件下，0:00～6:30 田间大气层结主要表现为稳定状态，6:30～18:00 呈不稳定状态，18:00～24:00 重新呈现稳定状态。大风天气，或大风持续期间，以及雨天或降雨期间，田间近地面层大气层结维持不稳定状态。在田间近地面层环境下，中性大气层结存在的时段很短，仅存在于 6:30 或 18:00 前后，大气层结处于由稳定状态向不稳定状态或不稳定状态向稳定状态过渡期间。

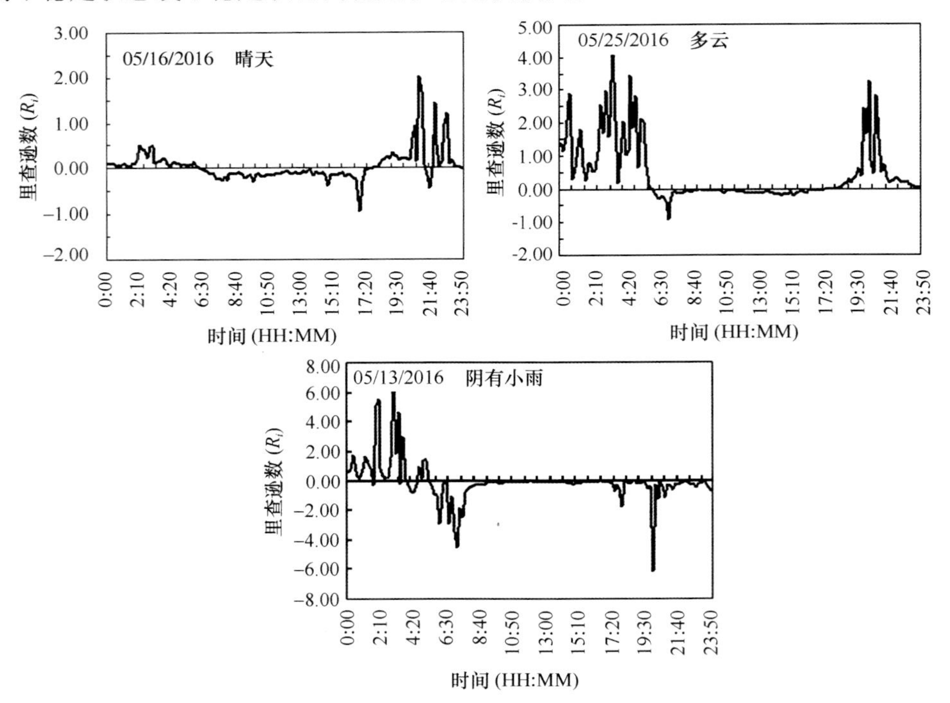

图 11-3 田间近地面层里查逊数变化及大气层结稳定性变化

11.2.1.3 风速廓线特征与表观粗糙度

不同时间、不同风速条件下，小麦田间 10m 以下近地面层不同高度风速变化趋势一致。田间近地面层风速随距地面高度的降低而减小，其变化符合指数或对数规律，各高度之间没有显著差异。指数函数复相关系数最小为 0.764，最大为 1.000，平均为 0.969。小麦近地面层风速廓线分布不受大气层结稳定性的影响。

田间表观粗糙度与地面风速和天气条件有关。不同天气条件下，田间表观粗糙度随地面风速的增大而递减，两者间变化服从指数规律，R^2＝0.9160～0.9338。除此之外，表观粗糙度也与天气条件有关。以 8～10m/s 可引起一定程度倒伏的中等强度标准风速为例，5 月 19 日和 6 月 1 日（阴天），表观粗糙度均为 0.1～0.16m，但在 6 月 2 日晴天天气条件下，表观粗糙度则为 0.13～0.21m。表观粗糙度与地面风速及天气条件的关系如图 11-4 所示。

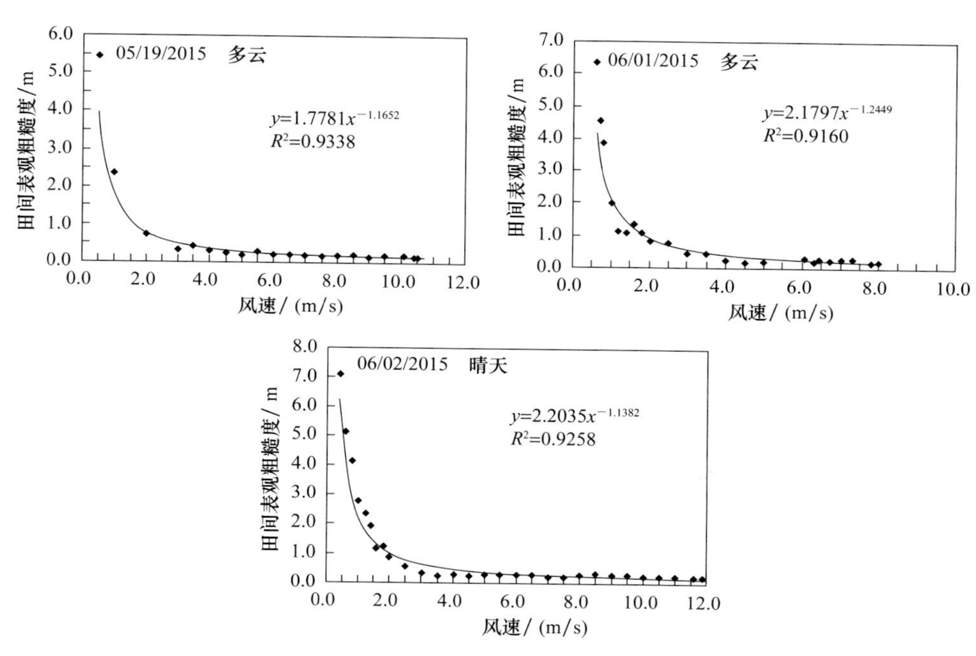

图 11-4 田间表观粗糙度长度随天气及风速的变化

11.2.1.4 田间近地面层风攻角及变化

不同时间、不同天气条件下，小麦田间近地面层 10min 平均风攻角的变化趋势如图 11-5 所示。

由图 11-5 可以看出，小麦田间近地面层风攻角具有明显的日变化特性，全天风攻角变化呈现马鞍形变化曲线。一般 0:00～6:30 负向风攻角逐渐变小，6:30～18:00 多呈正向风攻角，18:00 以后负向风攻角又逐渐增大。风攻角方向及其变化与观测时间、天气及高度有关；晚间风攻角一般表现为以负向风攻角为主，白天则以正向风攻角为主；与晴天相比，阴天和下雨条件下正向风攻角显著

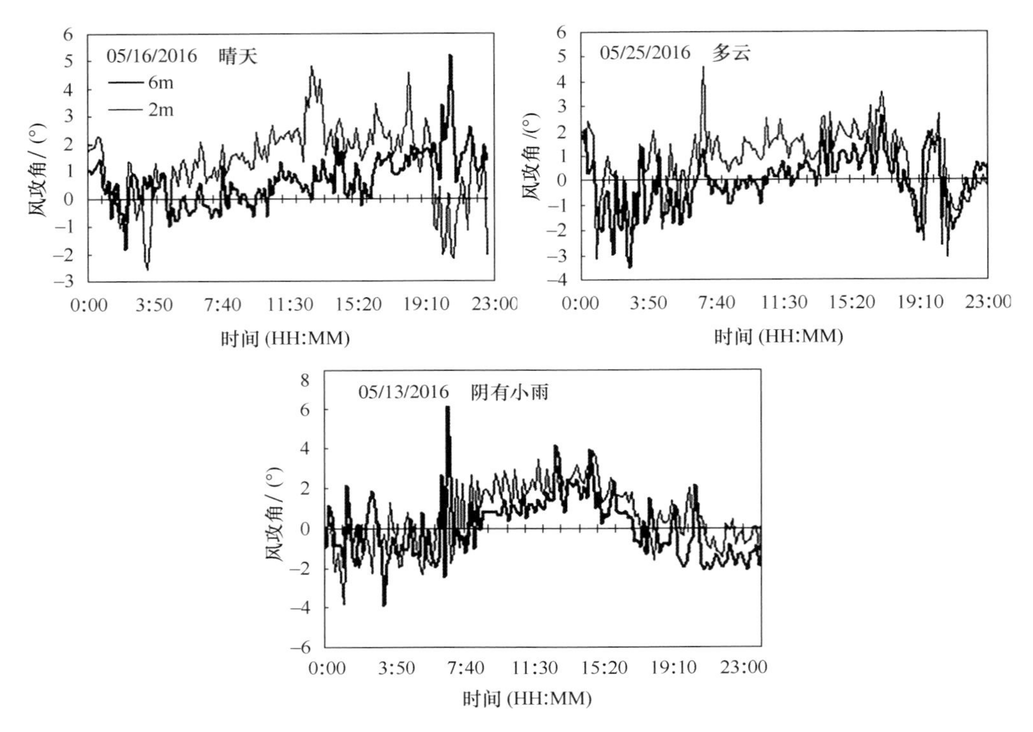

图 11-5　田间近地面层风攻角随天气及时间的变化

减小，负向风攻角显著增大；风攻角随观测高度的增加而减小，近地面层风攻角变化幅度远大于高空风攻角。不同天气条件下每日 3s 滑动平均风攻角变化如表 11-3 所示。

表 11-3　不同天气条件下小麦田间近地面层风攻角变化

时间	3s 正向风攻角 / (°)				3s 负向风攻角 / (°)			
	最小	最大	平均值	25% 平均值	最小	最大	平均值	25% 平均值
1m								
2015.05.21	1.6	67.0	26.3	56.0	−1.1	−42.7	−16.4	−31.7
2015.05.22	14.6	63.4	35.4	53.3	−4.5	−46.0	−14.7	−27.4
2015.05.23	0.9	56.1	23.2	44.6	−1.1	−47.6	−17.5	−34.0
2015.06.02	14.0	53.8	26.2	47.7	−8.3	−47.9	−19.5	−38.9
平均值	7.8	60.1	27.8	50.4	−3.8	−46.1	−17.0	−33.0
2m								
2015.05.21	3.9	57.2	16.9	37.0	0.9	−37.9	−11.3	−22.2

续表

时间	3s 正向风攻角 / (°)				3s 负向风攻角 / (°)			
	最小	最大	平均值	25% 平均值	最小	最大	平均值	25% 平均值
2015.05.22	9.0	54.5	18.4	30.7	−0.9	−31.7	−7.6	−16.8
2015.05.23	3.8	55.3	26.5	48.8	−4.5	−39.2	−16.2	−30.2
2015.06.02	7.3	28.0	13.8	21.9	−4.6	−20.5	−9.2	−15.8
平均值	6.0	48.7	18.9	34.6	−2.3	−32.3	−11.1	−21.2

表 11-3 中数据显示，距地面 1m 与 2m 两个高度的正向、负向风攻角间具有明显的差异，不同天气间风攻角具有较明显的差异。初步分析发现，最大及最小风攻角具有随风速增大而逐步变小的趋势。

11.2.2　小麦群体倒伏风洞模拟试验

2013～2015 年小麦群体倒伏风洞模拟试验结果如表 11-4 所示，其中所列实测风速为风洞试验中实际测定的小麦倒伏临界风速，模拟风速 -1 为利用模型计算的小麦倒伏地面临界风速，模拟风速 -2 为利用模型及透风系数计算的小麦倒伏地面校正临界风速，10m 风速则为利用模型计算的小麦群体倒伏标准临界风速（距地面 10m 处）。

表 11-4　2013～2015 年小麦群体倒伏风洞模拟试验

品种	冠层高度 /m	平均推力 /N	实测风速 /（m/s）	透风系数	模拟风速 -1 /（m/s）	模拟风速 -2 /（m/s）	10m 风速 /（m/s）
2013～2014 年（一期）							
豫麦 18 号	0.80	4.69	7.05	0.74	5.14	6.90	15.75
周麦 18 号	0.72	5.19	8.92	0.72	5.77	8.06	18.74
矮抗 58	0.69	7.51	10.27	0.77	7.14	9.28	21.75
平安 6 号	0.77	4.74	8.94	0.67	5.29	7.93	18.23
郑麦 9023	0.80	4.44	7.41	0.68	4.99	7.30	16.66
才智 9998	0.75	4.30	6.82	0.77	5.12	6.64	15.34
2013～2014 年（二期）							
豫麦 18	0.79	3.79	8.29	0.68	4.65	6.80	15.55
周麦 18 号	0.72	6.69	10.61	0.73	6.56	9.02	20.98
矮抗 58	0.69	7.65	10.82	0.74	7.21	9.72	22.76
平安 6 号	0.78	6.06	10.44	0.64	5.93	9.25	21.20

续表

品种	冠层高度/m	平均推力/N	实测风速/（m/s）	透风系数	模拟风速 -1/（m/s）	模拟风速 -2/（m/s）	10m 风速/（m/s）
郑麦 9023	0.78	4.30	7.23	0.68	5.00	7.39	16.95
才智 9998	0.74	5.66	7.58	0.76	5.93	7.79	18.02
2014～2015 年							
温麦 6 号	0.82	6.63	7.54	0.77	6.01	7.81	17.75
豫麦 18 号	0.80	6.82	8.02	0.76	6.20	8.14	18.58
周麦 26 号	0.79	7.52	9.30	0.76	6.56	8.62	19.70
矮抗 58	0.70	8.91	10.38	0.77	7.71	10.02	23.41
百农 418	0.71	7.02	8.87	0.77	6.78	8.81	20.53
百农 419	0.75	7.50	8.93	0.77	6.77	8.79	20.30
中联 2 号	0.76	6.74	8.66	0.77	6.36	8.27	19.04
郑麦 9023	0.82	6.70	7.64	0.77	6.05	7.86	17.85
平均值	0.76	6.14	8.73	0.74	6.08	8.25	19.02

注：（1）推力测定探头长度为 0.33m；（2）实测风速为风洞中实际测定的小麦倒伏最大平均风速；（3）模拟风速 -1 为利用模型计算的小麦倒伏地面最大平均风速，探头系数 k_p=0.75；（4）模拟风速 -2 为利用模型及透风系数 α 计算的小麦倒伏地面校正最大平均风速，分析透风系数对倒伏风速计算的影响；（5）10m 标准风速为利用模型计算的小麦倒伏临界极大风速（距地面 10m 处）

由于风洞模拟测定中使用的风速稳定，应视为平均风速。为便于比较，表 11-4 中模拟风速 -1、模拟风速 -2 均为平均风速，10m 风速为极大风速。试验结果表明，小麦群体倒伏临界推力与风洞实测小麦倒伏临界风速、模拟风速 -1、模拟风速 -2 及 10m 风速均呈显著正相关关系，相关系数（r）分别为 0.641**、0.972**、0.866** 和 0.855**。风洞实测小麦倒伏临界风速与模拟风速 -1、模拟风速 -2 和 10m 风速也呈显著正相关关系，相关系数分别为 0.721**、0.898** 和 0.903**。模拟风速 -1 明显小于风洞实测小麦倒伏临界风速主要是部分风可以透过小麦群体的缘故。利用小麦群体透风系数进行校正之后，两者的结果基本一致。倒伏临界极大风速与目前小麦品种群体能够经受的倒伏极大风速相近。

11.2.3　小麦群体倒伏田间试验

2013～2014 年田间小麦倒伏试验从开花后 10 天开始，测定群体倒伏临界推力，测定时间分别是 5 月 9 日、5 月 16 日、5 月 23 日和 5 月 30 日。2014～2015 年小麦群体倒伏临界推力测定从开花期开始，测定时间分别是 4 月 22 日、4 月 29 日、5 月 6 日、5 月 13 日、5 月 20 日、5 月 27 日。为便于比较，本书选择灌浆期的 4 次结果进行分析，见表 11-5。

表 11-5　2013～2015 年小麦田间抗倒伏试验

品种	冠层高度 /m	倒伏临界推力 /N	倒伏临界极大风速 /（m/s）	倒伏临界推力 /N	倒伏临界极大风速 /（m/s）	倒伏临界推力 /N	倒伏临界极大风速 /（m/s）	倒伏临界推力 /N	倒伏临界极大风速 /（m/s）
		2014.05.09		2014.05.16		2014.05.23		2014.05.30	
周麦 18 号	0.79	10.85	17.03	9.56	15.98	8.93	15.45	10.16	16.48
矮抗 58	0.70	14.89	22.11	13.73	21.41	13.14	20.94	12.77	20.64
周麦 26 号	0.77	12.06	18.37	10.58	17.20	11.34	17.80	11.18	17.68
百农 418	0.71	12.67	20.17	10.79	18.62	10.73	18.57	10.82	18.64
百农 419	0.75	11.19	18.04	10.20	17.22	10.12	17.16	10.45	17.43
中联 2 号	0.76	11.37	18.06	9.80	16.76	8.49	15.61	10.03	16.96
平均值	0.74	12.17	18.96	10.78	17.87	10.46	17.59	10.90	17.97
		2015.5.6		2015.5.13		2015.5.20		2015.5.27	
周麦 18 号	0.77	10.93	17.54	10.39	17.10	9.51	16.36	11.14	17.71
矮抗 58	0.70	13.46	21.01	11.48	19.40	13.11	20.74	12.79	20.48
周麦 26 号	0.79	10.73	16.88	11.35	17.36	11.25	17.29	11.41	17.41
百农 418	0.75	12.51	19.17	11.03	18.00	10.49	17.56	10.69	17.72
百农 419	0.70	11.47	19.29	10.49	18.45	11.74	19.52	10.60	18.54
中联 2 号	0.77	9.84	16.54	8.89	15.72	9.24	16.03	11.21	17.65
平均值	0.75	11.49	18.41	10.60	17.67	10.89	17.92	11.31	18.25

注：（1）表中田间小麦倒伏临界极大风速计算主要参数：风攻角−33°，等效风速高度＝冠层高度＋1m，透风系数 0.1，表观粗糙度 0.16m，探头阻力系数 0.75，推力调整系数 0.85；（2）倒伏临界极大风速为标准风速即距地面 10m 处风速

从表 11-5 所列结果可以看出，2 个年份不同小麦的抗倒伏强度基本一致，抗倒伏强度变化趋势符合灌浆初期高，随后逐步下降，至成熟期又略有增加的特点。

11.3 结果与分析

11.3.1 田间近地面层风场基本特性

田间近地面层空气温度、风速、风速廓线、表观粗糙度和风攻角等参数是小麦群体倒伏风速模型优化的基础。0:00～6:30，田间近地面层上层温度高于下层温度，随后由于太阳辐射作用，下层空气温度逐渐高于上层空气，自 18:00 左右由于太阳辐射作用强度减弱，下层空气温度又逐渐下降直至低于上层温度。多云、阴雨天气，田间近地面层空气温度仍表现出与晴天相似的温度变化，T_2 与 T_6 气温梯度基本维持在－1.5～2.0℃。

田间近地面层风速日变化大多数呈现出夜间小、白天大的变化趋势，最大风速多出现在 9:00～16:00。T_2 与 T_6 两个观测高度间 10min 平均风速比值，晴天维持在 1.66～1.70，阴天维持在 1.46 左右。

晴天、阴天条件下，0:00～6:30，里查逊数大于零，田间大气层结主要表现为稳定状态，随后里查逊数下降至小于零，大气层结呈现出不稳定状态，自 18:00 开始至 24:00，里查逊数又重新大于零，大气层结呈现出稳定状态（图 11-3）。该观测结果与杨振等（2007）在西双版纳热带雨林观察到的结果相似。大气层结的稳定性变化趋势取决于田间近地面层不同高度部位间温度差异与风速差异。温差大小决定大气层结稳定状态，而风速差异决定大气层结稳定状态的稳定程度。

不同时间、不同风速条件下，10m 以下不同高度风速变化趋势一致，风速随距地面高度的降低而减小，其变化遵循指数或对数规律，各高度之间没有显著差异，指数函数复相关系数 R^2 为 0.969。小麦近地面层风速廓线分布不受大气层结稳定性的影响，10m 以下田间近地面层不同高度间风速转换计算可以忽略大气层结稳定性的影响。

田间表观粗糙度一般认为与作物冠层特性、大气层结稳定性和风速有关。由于传统田间风速零平面位移高度确定比较烦琐，且不易准确测定，本书直接使用表观粗糙度表示田间近地面层中风速为零的高度，即“零平面位移 + 田间表观粗糙度”。观测结果表明，大风天气条件下，田间表观粗糙度随风速增大而减小，两者间变化服从指数函数规律，R^2＝0.9160～0.9338（图 11-4）。在田间近地面层条件下测定、计算田间作物表观粗糙度必须考虑风速的大小，在作物冠层高度为 0.7～0.8m 的大田条件下，能够扰动作物冠层的最小风速（距地 10m 处风速）是 2.0～2.5m/s，在 6.0～12.0m/s 风速条件下，田间表观粗糙度是 0.10～0.24m；田间风速不同，测定出的表观粗糙度也不同。本书所测田间作物表观粗糙度明显小于过去田间风场特性报道的数值，但与一般建筑设计规范中所提到的表观粗糙度数据基本一致，主要原因与表观粗糙度测定所设定的风速条件有关。一般田间风速特性观测多选择弱风条件，而建筑设计风速特性观测则多选择强风条件。本研究的观测结果与刘树华（1989）的结果相似。农田表观粗糙度不仅与作物冠层结构、大气层结稳定性有关，而且与观测风速有关，出现这种现象主要与作物茎秆的柔性有关，表观粗糙度随风速的增大而不断减小，并趋向于一个最小值。因此，在田间近地面层条件下，测定、计算田间作物表观粗糙必须考虑风速的大小。

风攻角具有明显的日变化特性，风攻角变化呈现马鞍形变化曲线。风攻角与观测时间、天气条件及观测高度有关（图 11-5）。晚上风攻角多表现为负向风攻角，白天则为正向风攻角；与晴天相比，阴天与雨天负向风攻角显著增大，正向风攻角显著减小。小麦大面积倒伏多发生于下午及晚上的特性可能与田间近地面层风攻角的变化有关。风攻角还与三维风速的观测高度有关，随观测高度的下降，正向风攻角及负向风攻角的变化幅度快速增大（表 11-3）。2m/12m、1m/2m 两种组合观测条件下所获得的风攻角变化趋势与 2m/6m 条件下所得到的变化趋势相似。风攻角具有显著的瞬时变化特征，风攻角随观测时距的延长而快速变小，3s 平均风攻角的变化幅度显著大于 10min 平均风攻角，但两者的变化趋势相同。

11.3.2　小麦群体倒伏临界风速风洞测定

为考察小麦群体倒伏临界推力与小麦倒伏临界风速的相关性，笔者利用种植在大型周转箱中的小麦进行了试验模拟。试验结果表明，风洞实测小麦群体倒伏临界风速与小麦群体倒伏临界推力呈显著的正相关关系。小麦群体倒伏临界推力与风洞实测小麦倒伏临界风速、模拟风速 -1、模拟风速 -2 及 10m 风速均呈显著正相关关系，相关系数分别为 0.641**、0.972**、0.866** 和 0.855**。风洞实测小麦倒伏临界风速与模拟风速 -1、模拟风速 -2 和 10m 风速也呈显著正相关关系，相关系数分别为 0.721**、0.898** 和 0.903**。结果提示测定群体茎秆倒伏临界推力并以此为基础计算小麦群体倒伏的临界风速是可行的。由于自然风可以穿透小麦群体，因此实际作用于小麦群体茎秆上的风压减小，所以利用伯努利方程计算小麦倒伏临界风速时必须利用透风系数进行校正。

田间观测结果表明，小麦田间的自然风总是沿一定的角度进行传播的，向上的正向风攻角可以减轻风对小麦群体的吹动作用，而向下的负向风攻角则可以加大风对小麦群体的吹动作用，风之所以能够穿透小麦冠层就是因为有负向风攻角的存在（翁笃鸣等，1982）。据测定小麦群体上方 2.0m 和 1.0m 处 25% 最大负向风攻角的平均值分别为−21.2°、−33.0°，本书 1.0m 处取−33°，水平风速＝向下倾斜风速 ×cos (−33°)。

11.3.3 小麦群体倒伏临界风速田间测定

为验证小麦群体倒伏临界风速计算模型的实用性，笔者分别在 2013～2015 年利用‘矮抗 58’等 6 个小麦品种在在河南省新乡县郎公庙镇河南科技学院小麦育种基地进行了田间测试分析。田间测试分析结果与风洞模拟试验结果基本一致，但田间所测群体倒伏临界推力显著大于培养箱栽培小麦，群体倒伏极大风速远远大于目前调查中一般小麦品种田间大面积倒伏所需瞬时风速极值。田间测定群体推力偏大的原因主要有两个：一是由目前通用小麦群体倒伏推力探头所受阻力所致，探头所受阻力可以导致推力增大 25% 以上；二是由群体倒伏推力测定所用小麦群体径向宽度超过冠层风速能够穿透的小麦群体宽度所致，由于田间环境条件影响，群体倒伏推力测定只能采用面向群体向前推压的方式进行，因此在进行群体倒伏风速计算时必须进行校正。其中，探头所受阻力造成的推力偏大通过探头阻力系数 k_p 进行校正，将所用探头与标准探头比较可以计算出探头阻力系数，k_p 视所用探头阻力取 0.75～1.0。由群体径向宽度超过冠层风速能够穿透宽度所导致的推力结果偏大，通过引入推力测定调整系数 k 的方式进行校正，k 一般取 0.85。在田间试验所用 6 个品种中，‘矮抗 58’抗倒伏能力最强，其次是‘百农 418’‘百农 419’‘周麦 26 号’等（表 11-4 和表 11-5），计算所得群体倒伏极大风速与大田生产的实际表现基本一致。受田间肥水及管理条件影响，本试验所测倒伏极大风速与大田条件相比略小。试验结果表明，利用该模型计算小麦群体倒伏临界风速是可行的。

11.3.4 小麦群体倒伏临界风速模型及参数优化

小麦倒伏是由风垂直施加在茎秆上的弯矩超过茎秆基部的破坏弯矩所导致的。冠层高度、穗重、种植密度、基部节间长度、茎秆粗细等因素所决定的茎秆抗折力是决定小麦倒伏与否的内因，而风速强弱则是外因。准确理解近地面层风速相关因素变化规律，合理选择相关参数对小麦群体倒伏临界风速模型的构建非常重要。

11.3.4.1 表观粗糙度

小麦田间表观粗糙度受田间风速影响，随田间风速的增大而逐步减小，两者间变化服从指数变化关系（图 11-4）。因此，小麦田间表观粗糙度必须经过实地测量，并根据引发小麦倒伏的临界风速合理选择。表观粗糙度与小麦群体倒伏临界风速呈正相关关系，表观粗糙度每增加 0.01m，倒伏临界风速增加 2%，大风天气条件下表观粗糙度一般为 0.10～0.24m，本书为 0.16m。

11.3.4.2 风攻角

风之所以能够穿透小麦冠层并引起倒伏主要与近地面层中风向下倾斜传播方式有关。没有负向风攻角风的作用就不可能有小麦倒伏的发生。田间条件下小麦群体茎秆上所感受到的实际风速大于天气预报中的风速（水平风速），是水平风速与垂直向下风速的矢量之和，即小麦群体茎秆上的风速＝气象预报播报风速 /$\cos\theta$。同时，由于倒伏是在瞬间发生的，因此模型中采用的风攻角是距地面 1.0m 处（小麦冠层上方）10min 风速样本的 3s 滑动平均风攻角的最大值的日平均值。出于安全考虑，模型取观测样本中排序在前的 25% 样本的 3s 最大滑动平均风攻角的平均值。负向风攻角每增大 1°，小麦群体倒伏临界风速降低 0.45%。

11.3.4.3 等效风速高度

等效风速高度其物理含义是指风可以穿透冠层并引起倒伏的空间高度，其数值与田间风速传播方向即风攻角和作物冠层高度有关。等效风速高度 $H=1+(h_c-z_0)$，其中 h_c 为小麦冠层高度。等效风速高度是地面风速转换为距地面 10m 高度处标准风速的参考高度，高度每增加 0.1m，倒伏临界风速减小 3.09%。该模型参数与 Baker 等（1998）和 Berry 等（2003a）在小麦倒伏预测模型中的设定值相近。

11.3.4.4 冠层透风系数

小麦冠层透风系数与小麦群体单位面积的主茎数有关。目前，我国一般高产小麦群体主茎数（穗数）为 615～675 穗 /m^2，2/3 冠层高度部位透风系数多为 0.10～0.20（测定冠层宽度 1.0m）。风速在冠层中的水平分布遵循指数规律，冠层中特定部位的风速随其与群体边缘距离的增加而快速减小。该结果与翁笃鸣等（1982）的研究结果一致。小麦生育前期较小，至成熟期随叶片干枯透风系数增大。由于田间条件下难以准确测定，因此本模型小麦透风系数设定为 0.1～0.15。

11.3.5 小麦田间抗倒伏能力调查与模型检验

为研究风、雨两个重要气象因素对小麦倒伏的影响，笔者曾先后利用文献及实地调查两种方式对近年来我国大面积小麦倒伏及相关气象因素进行了研究。2007～2016 年 52 次大面积小麦倒伏调查结果显示（Niu et al.，2016），目前我国小麦大面积倒伏根据诱发气象因素的不同可以分为大风、持续降雨和大风大雨 3 种类型，分别占研究样本总数的 8%、19% 和 73%。大雨大风型倒伏是小麦倒伏的主要类型。小麦大面积倒伏所需临界风速与降雨量呈显著负相关关系。在未出现降雨的条件下，19.4m/s、21.5m/s 的极大风速可以引起小麦大面积连片倒伏。2017 年 5 月 23 日，黄淮麦区经历了一次严重的强对流天气，大风及降雨引发了大范围的小麦倒伏，涉及河南、山东、陕西等省份，笔者对河南郑州、焦作和新乡3地区11个县（市）区域内小麦倒伏的情况进行了实地调查与分析。调查结果显示，25mm以上降雨及17.0m/s以上大风是导致大面积小麦倒伏的主要因素。单纯17.8～17.9m/s的极大风速或伴随有10mm以下的降雨可以引起点、条状或较大面积的倒伏。实地调查结果与文献报道结果基本一致，目前生产中推广使用的多数小麦品种所能经受的倒伏极大风速在18.0m/s左右。

为了解本模型计算结果与实际小麦品种倒伏风速的吻合度，笔者对2011～2016年田间所测的68个小麦品种或区试材料（以下简称品种）灌浆中期群体倒伏临界推力及倒伏瞬时极大风速进行了统计分析。68个小麦品种的群体倒伏推力（探头阻力系数为0.75，下同）最大26.21N，最小8.3N，平均（15.21±4.01）N。其中，10N以下有5个品种，占7.4%；10～15N有27个品种，占39.7%；15～20N有24个品种，占38.3%；20N以上有9个品种，占13.2%。目前小麦品种的冠层高度多在0.75m左右，在冠层高度取0.75m、其他参数保持不变的条件下，利用本模型对现有品种的倒伏风速进行计算。结果显示，目前小麦大面积倒伏极大风速最小15.62m/s，最大27.62m/s，平均（21.00±2.73）m/s。其中，21.0m/s以下有33个品种，占48.5%；21.0～23.0m/s有21个品种，占30.9%；23.0m/s以上有13个品种，占19.1%。计算结果与现有小麦品种的倒伏极大风速基本一致。

11.4 结论

本书对田间近地面层小麦倒伏相关风场特性以及小麦群体倒伏风速计算模型进行了风洞及田间试验研究。结果表明，田间近地面层风速廓线符合对数或指数特性，不同高度间风速计算可以忽略大气层结稳定性的影响。田间小麦表观粗糙度主要受风速影响，是风速的指数函数。田间近地面层风攻角具有明显的日变化规律，并随距地面高度的降低而逐步增大。

小麦群体倒伏临界推力与风洞实测小麦倒伏临界风速、模拟风速-1、模拟风速-2及10m风速均呈显著正相关关系，相关系数（r）分别为0.641**、0.972**、0.866**和0.855**。风洞实测小麦倒伏临界风速与模拟风速-1、模拟风速-2和10m风速也呈显著正相关关系，相关系数分别为0.721**、0.898**和0.903**。这些结果提示，依据小麦群体倒伏临界推力计算小麦群体倒伏风速是可行的，而准确的群体倒伏临界推力测定及适当的田间表观粗糙度、风攻角、透风系数、等效风速高度参数的确定是小麦群体倒伏风速计算的关键。该方法可以消除仅用单一或少数指标评价小麦抗倒伏能力所存在的偏差，且方法简单，可以广泛用于小麦抗倒伏性评价、小麦品种推广区域选择以及田间倒伏因素评价研究等中。

参考文献

冯素伟, 姜小苓, 胡铁柱, 等. 2012. 不同小麦品种茎秆显微结构与抗倒强度关系研究. 中国农学通报, 28(36): 57-62.
冯素伟, 李小军, 丁位华, 等. 2015a. 不同小麦品种开花后植株抗倒性变化规律. 麦类作物学报, 35(3): 334-338.
冯素伟, 姜小苓, 丁位华, 等. 2015b. 基于一种新方法的小麦茎秆抗倒性研究. 华北农学报, 30(3): 69-72.
郭翠花, 高志强, 苗果园. 2010. 不同产量水平下小麦倒伏与茎秆力学特性的关系. 农业工程学报, 26(3): 151-155.
郭玉明, 袁红梅, 阴妍, 等. 2007. 茎秆作物抗倒伏生物力学评价研究及关联分析. 农业工程学报, 23(7): 14-18.
刘树华. 1989. 麦田动力学参数的确定方法及其分析. 气象, 15(7): 8-13.
苏红兵, 洪钟祥. 1994. 北京城郊近地层湍流实验观测. 大气科学, 18(3): 739-750.
王丹, 丁位华, 冯素伟, 等. 2016. 不同小麦品种茎秆特性及其与抗倒性的关系. 应用生态学报, 27(5): 1496-1502.
王勇, 李朝恒, 李安飞, 等. 1997. 小麦品种茎秆质量的初步研究. 麦类作物, 17(3): 28-30.
翁笃鸣, 沈觉成, 钱林清, 等. 1982. 农田风状况及其模式. 气象学报, 40(3): 335-343.
肖世和, 张秀英, 闫长生, 等. 2002. 小麦茎秆强度的鉴定方法研究. 中国农业科学, 35(1): 7-11.
徐安, 傅继阳, 赵若红, 等. 2010. 土木工程相关的台风近地风场实测研究. 空气动力学学报, 28(1): 23-31.
杨世杰. 2006. 动态测试数据中坏点处理的一种新方法——绝对均值法及应用研究. 中国测试技术, 32(1): 47-49.
杨振, 张一平, 于贵瑞, 等. 2007. 西双版纳热带季节雨林树冠上生态边界层大气稳定度时间变化特征初探. 热带气象学报, 23(4): 413-416.
姚金保, 马鸿翔, 姚国才, 等. 2009. 小麦抗倒性研究进展. 植物遗传资源学报, 14(2): 208-213.
姚伟, 唐煜, 李英森. 2013. 风攻角对斜拉桥抖振的影响. 交通科技, (3): 9-12.
张宏升, 陈家宜. 1998. 超声风温仪测温的误差订正. 大气科学, 22(1): 11-17.
钟阳, 施生锦, 黄彬香. 2009. 农业小气候学. 北京: 气象出版社: 412.
朱新开, 王祥菊, 郭凯泉, 等. 2006. 小麦倒伏的茎秆特征及对产量与品质的影响. 麦类作物学报, 26 (1): 87-92.
Baker C J, Berry P M, Spink J H, et al. 1998. A method for the assessment of the risk of wheat lodging. Theor. Biol., 194 (4): 587-603.
Berry P M, Sterling M, Baker C J, et al. 2003a. A calibrated model of wheat lodging compared with field measurements. Agric. For. Meteorol., 119 (3): 167-180.
Berry P M, Spink J H, Foulkes M J. 2003b. A quantifying the contributions and losses of dry matter from non-surviving shoots in four cultivars of winter wheat. Field Crops Research, 80 (2): 111-121.
Berry P M, Sterling M, Spink J H. 2004. Understanding and reducing lodging in cereals. Advances in Agronomy, 84 (4): 217-271.
Berry P M, Sylvester-Bradley R, Berry S. 2007. Ideotype design for lodging-resistant wheat. Euphytica, 154: 165-179.
Crook M J, Ennos A R. 1995. The effect of nitrogen and growth regulators on stem and root characteristics associated with lodging in two cultivars of winter wheat. J. Exp. Bot., 46 (8): 931-938.
Kelbert A J, Spaner D, Briggs K G, et al. 2004. The association of culm anatomy with lodging susceptibility in modern spring wheat genotypes. Euphytica, 136 (2): 211-221.
Murphy H C, Petr F, Frey K J. 1958. Lodging resistance studies in oats. Agr. J., 50: 609-611.
Niu L Y, Feng S W, Ru Z G, et al. 2012. Rapid determination of single-stalk and population lodging resistance strengths and an assessment of the stem lodging wind speeds for winter wheat. Field Crops Research, 139: 1-8.
Niu L Y, Feng S W, Ding W H, et al. 2016. Influence of speed and rainfall on large-scale wheat lodging from 2007 to 2014 in China. PLoS ONE, 11 (7): e0157677.
Sterling M, Baker C J, Berry P M, et al. 2003. An experimental investigation of the lodging of wheat. Agric. For. Meteorol., 119 (3): 149-165.

附　　图

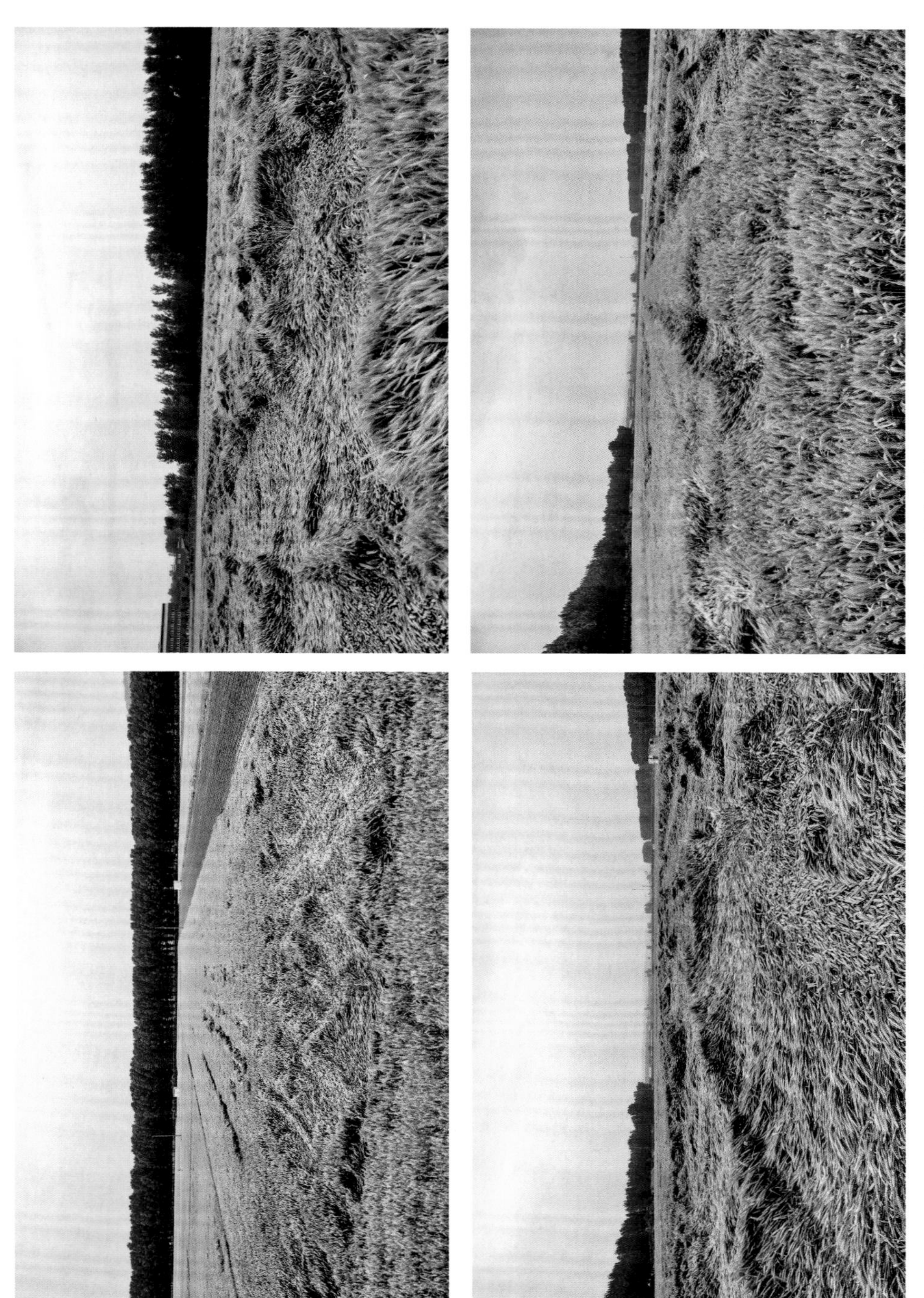

附图 2-1　河南省巩义市河洛镇神北村

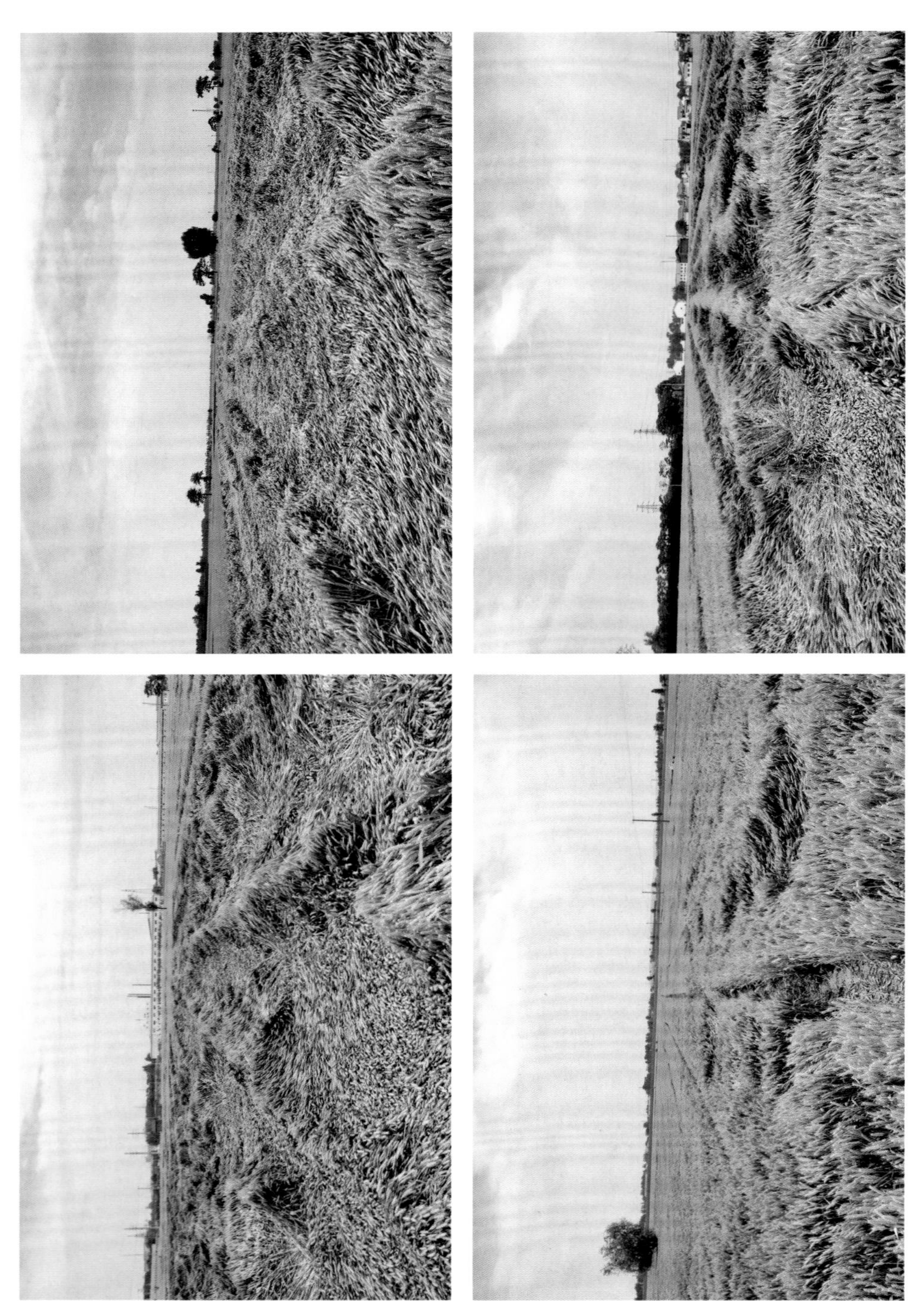

附图 2-2 河南省温县岳村街道白庄村与祥云镇小郑庄村附近

附图 2-3　河南省温县张羌街道常店村

附图 2-4　河南省温县赵堡镇南保丰村

附图 2-5　河南省温县至武陟县大封镇大司马村 X021 两侧

附图 2-6　河南省武陟县大封镇王落村与大虹桥乡温村附近

附图 2-7　河南省获嘉县照镜镇小王庄村与巨柏村附近

附图 2-8　河南省获嘉县照镜镇樊庄村与小杨庄村附近

附图 2-9　河南省辉县市赵固乡小岗村与南小庄村附近

附图 2-10　河南省辉县市北云门镇圪垱村与郭屯村附近

附图 2-11　河南省卫辉市汲水镇龙王庙村

附图 2-12　河南省原阳县福宁集乡东拐铺村与刘庵村附近

附图 2-13　河南省原阳县葛埠口乡小王庄村

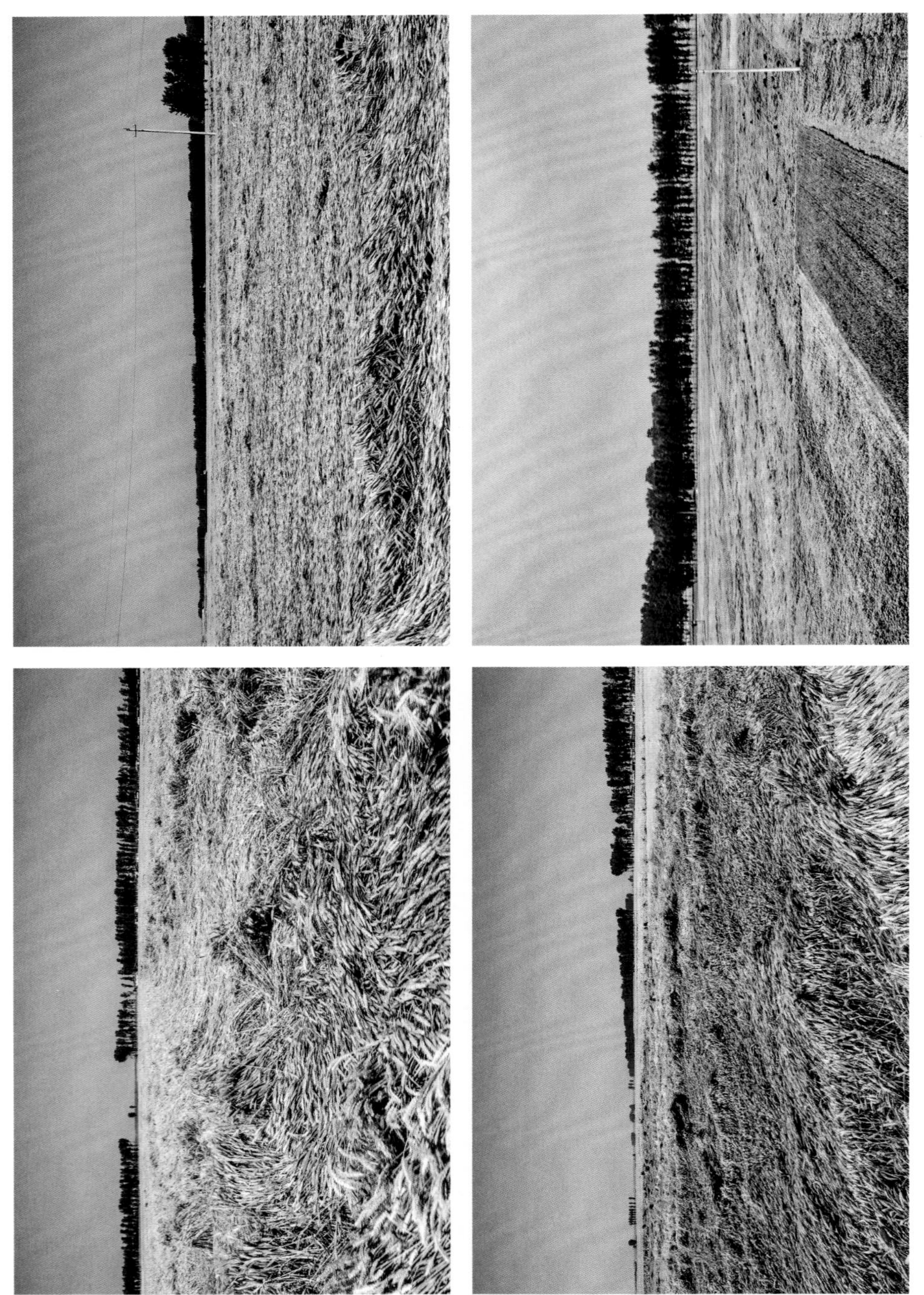

附图 2-14 河南省原阳县蒋庄乡杜屋村

附图 2-15　河南省新乡县郎公庙镇东马头王村和荆楼村附近

附图 2-16 河南省延津县魏邱乡尚柳洼村

附图 2-17　河南省延津县小潭乡小吴村与西李庄村附近

附图 2-18　河南省封丘县赵岗镇东白庄村与冯村乡潘固村附近

附图 2-19　河南省封丘县应举镇孙马台村

附图 2-20　河南省长垣县蒲西街道宋庄村和张庄村附近